听中国茶故事

扫描下方二维码即可获取

微信扫码

U0189749

◆ 中国茶故事

听中国茶故事，品中国历史悠久的茶文化

◆ 更有中国茶故事交流群

◆ 本书读者还可获得以下服务：

好书推荐、中国茶事资讯等

中国茶事

浩瀚茶海中撷取几束浪花

郑国建 主编

中国轻工业出版社 | 全国百佳图书出版单位

图书在版编目（CIP）数据

中国茶事 / 郑国建主编. -- 北京 : 中国轻工业出版社, 2022.10
ISBN 978-7-5184-0775-0

Ⅰ. ①中… Ⅱ. ①郑… Ⅲ. ①茶叶－文化－中国 Ⅳ. ①TS971

中国版本图书馆CIP数据核字(2015)第318332号

责任编辑：秦　功　刘忠波
策划编辑：刘忠波　　　　责任终审：劳国强
装帧设计：水长流文化　　责任监印：张京华

出版发行：中国轻工业出版社（北京东长安街 6 号，邮编：100740）
印　　刷：鸿博昊天科技有限公司
经　　销：各地新华书店
版　　次：2022年10月第1版第9次印刷
开　　本：787 × 1092　1/16　印张：20.5
字　　数：400千字
书　　号：ISBN 978-7-5184-0775-0　　　　定价：168.00元
邮购电话：010-65241695　传真：65128352
发行电话：010-85119835　85119793　传真：85113293
网　　址：http://www.chlip.com.cn
Email: club@chlip.com.cn
如发现图书残缺请直接与我社邮购联系调换
221341S1C109ZBW

《中国茶事》

编委会

主编

郑国建

副主编

逄　岱　朱珠珍

编委（排名不分先后）

逄　岱　付　洁　春　琳

邹新武　王　杨　杜颖颖

纪　明　李　丹　雪蓝沙

策划

王缉东

执行

付　洁

茶海撷英

茶叶生长在茶树枝头时，它仅是地球上绿色植物汪洋世界中的一片绿叶。被奉为华夏祖先的神农氏发现了茶叶的与众不同，自此，茶叶被华夏儿女捧在掌心，用温暖的手轻轻揉捻、用火的热唤醒它的香甜，探索它的无限可能，越来越珍爱它。百姓爱它有滋有味，能清火克食，公卿贵胄爱它清雅恬淡，令人神思悠远。

唐代痴爱茶饮的陆羽在走千里茶路读万卷茶书之后，总结前人关于种茶、采茶、制茶、饮茶的记载，加上自己爱茶、学茶、作为皇家御用茶师对泡茶、饮茶的精到体验，对泡茶方法、器具、鉴水等做了第一次归总，写成旷古第一茶书《茶经》，极大推动了唐宋时期茶文化的大繁荣，其影响力不仅持续至今，甚至远播海外。

自唐代陆羽以降，各代文人茶士赋予茶近乎神圣的意义和无上的美感，对它推崇备至，留下无数的诗歌文字记录它、赞颂它。时至21世纪，茶文化已经形成一个跨社会科学、自然科学两大领域，涉及历史、文化、艺术与种植、制作工艺、生物化学、开发利用和市场经济等多个学科的综合文化体系。国泰民安，人们对茶有了绿色、有机等新关注，文化和科学技术高度发展，加之信息化时代的到来，茶学资讯更是浩如烟海。

我们一群爱茶人以茶为圣洁之物，怀着满腔热忱，从茶学浩瀚海洋中细心甄选，撷取朵朵美丽的浪花，认真编写成本书，以期与同道共同学习，努力推动茶文化传播。我们立志传播科学的信息和正向的能量，共同推动茶文化更加丰厚优雅，并走向世界。

我们编写本书的初衷是与时下的茶情结合，力图贴近生活，体现茶——这一永恒时尚的时代律动。但茶文化太过博大精深，取舍间纠结重重。因本书篇幅要求，我们只能选取有限的信息，且各位编写者虽竭尽努力却仍各有自身局限。因此，书中错漏难免，敬请读者与我们沟通、赐教！先致谢！

茶海浩瀚，愿与您携手畅游！

本书编委会

二零一五年季冬

第一篇

名茶志

目录

第3章 名茶鉴赏

第二篇

茶之器

第三篇

茶之饮

第四篇

茶养生与茶美食

第1章 茶叶中的有益成分和保健作用

第2章 茶食制作

附 录

茶历史与茶文化

第一篇 名茶志

第1章 中国茶叶地图

唐代，陆羽经过艰苦地实地考察，写成中国乃至世界第一部茶学著作《茶经》，其中“八之出”，把唐代产茶地区划分为山南、淮南、浙西、浙东、剑南、黔中、江南、岭南等八大茶区。此后，朝代更迭，茶区逐步扩大，历经宋、元、明、清至今，中国北纬18°～38°，东经92°～122°之间的广袤国土上，20个省（区、直辖市）共分布着1000多个产茶县市区。

微信扫描书中含“ ”图标的二维码
听中国茶故事，品历史悠久茶文化
另配中国茶事交流群

皇茶园。左下侧围起来的即是汉代蒙茶祖师吴理真栽种的七株“灵茗之种”。茶园正门有两扇石门，两侧有“扬子江心水、蒙山顶上茶”石刻楹联，横额书“皇茶园”。

中国古代茶叶种植

中国先民对茶的利用，由最初的药用、食用，而发展为后来的饮用。中国先民从原始社会开始采集、利用茶叶，尝试栽培茶树，到农业、手工业和商品经济发展后，茶叶的需求量增加，茶树栽培技术迅速发展和传播。

◆在汉代，四川、云南、贵州等地区是茶叶生产中心，汉末《桐君录》记述东汉有五六个产茶地。

◆ 北魏杨之《洛阳伽蓝记》有南方普遍饮茶的记载，当时长江中下游地带均已广泛种植茶树。

◆ 唐代是茶叶生产兴盛期，饮茶普及，全国有八大茶区，出现专营大茶园·唐中期，“茶圣”陆羽写作《茶经》。《茶经·八之出》中，陆羽根据实地调查，并结合历史资料及茶叶样品，将唐代产茶地区的8个道、43个州郡、44个县，划分为山南、淮南、浙西、浙东、剑南、黔中、江南、岭南等八大茶区。

◆ 宋代《东溪试茶录》对福建茶树品种资源提出了科学的分类方法与标准，福建开始在茶园间种桐、橘、梅、松等植物，宋代乐史《太平寰宇记》中记载，当时的剑南西道、剑南东道、江南东道、江南西道、淮南道、岭南道等地出产茶叶。结合其他史料统计，至南宋，产茶地已达66个州（郡）、242个县，重心向东南转移。

◆ 据《元史》（明代宋濂等主编）等有关史料记载，元代茶叶主产地包括今湖南、湖北、广东、广西、贵州，以及重庆和四川南部，比宋代茶区有所扩展。

◆ 清代茶区扩大，茶园栽培管理更精细，茶叶种植技术提高。并形成了以茶类生产为中心的栽培区域，如江西婺源、德兴，浙江杭州、绍兴，江苏苏州虎丘、太湖洞庭山等地形成绿茶生产中心；湖南安化，安徽祁门、旌德，江西武宁、修水和景德镇市的浮梁形成红茶生产中心；福建安溪、建瓯、崇安等县形成乌龙茶生产中心；湖北蒲圻（今赤壁市）、咸宁，湖南临湘、岳阳等县形成砖茶生产中心；四川雅安、天全、名山、荥经、灌县、大邑、安县、平武、什邡、汶川等县形成边茶生产中心等。

云南野生大叶种茶树

中国现代茶叶地图

中国现代产茶区地域广阔，学科界产生了多种划分法，如：

◆ 吴觉农、胡浩川划分的外销茶区和内销茶区。

◆ 陈椽划分的四大茶区：浙皖赣茶区、闽台广茶区、两湖茶区和云川康茶区。

◆ 庄晚芳划分的五大茶区：华中北茶区、华中南茶区、四川盆地及云贵高原茶区、华南茶区。

◆ 王泽农划分的三大茶区：华中茶区（包括长江中下游产茶区）、华南茶区（包括东南沿海）、华西茶区（包括云贵高原、川西山地、秦岭山地和四川盆地）。

◆ 周海龄划分的九大茶区：秦巴淮阳、江南丘陵、浙闽山地、台湾、岭南、黔鄂山地、川西南、滇西南、苏鲁沿海丘陵等九大茶区。

◆ 浙江农业大学划分的四大茶区：北部茶区、中部茶区、南部茶区和西南部茶区。

◆ 李联标划分的五大茶区：淮北茶区、江北茶区、江南茶区、岭南茶区、西南茶区。

◆ 中国农业科学院茶叶研究所划分的四大茶区：江北茶区、江南茶区、西南茶区和华南茶区。

现在，我们最常用的是中国农业科学院茶叶研究所对中国茶区的划分方法。

中国的产茶区域分布在北纬18°～38°，东经92°～122°之间的广阔大地上，茶树

浙江新昌茶园

分布在热带、亚热带、暖温带三个气候带内，茶园总面积4000余万亩，自海拔数米至海拔2600米范围内，生产出绿茶、红茶、乌龙茶、黄茶、黑茶、白茶、花茶、紧压茶等特种名茶。

中国的四大茶产区地跨20个省（区、直辖市）共计1000多个县市区产茶。

◦江北茶区

江北茶区位于中国长江以北，秦岭以南、大巴山以东至沿海。包括皖北、苏北、鄂北、豫南、鲁东南、陕南、陇南等地区，属北亚热带和暖温带季风气候区。江北茶区是中国最北端的茶区，种植的茶树均有较强的抗寒性。茶树多为灌木型和小叶种。

著名茶山

江北茶区著名的茶山有大别山、花果山、武当山、伏牛山等。

茶叶种类

江北茶区主要出产绿茶、黄茶。

主要名茶

江北茶区名茶有六安瓜片、信阳毛尖、秦巴雾毫、霍山黄芽、舒城兰花、岳西翠兰、午子仙毫、泰山女儿茶、崂山茶。

◦江南茶区

江南茶区位于中国长江以南、南岭以北，包括广东、广西、福建北部，湖北、安徽、江苏南部和湖南、江西、浙江全境。属中亚热带、南亚热带季风气候区，四季分明，是中国内、外销茶主要基地。茶树主要是灌木型品种，也有半乔木型品种。

著名茶山

江南茶区的茶资源丰富，著名的茶山有武夷山、洞庭山、黄山、九华山、庐山等。

茶叶种类

江南茶区主要出产红茶、绿茶、乌龙茶、白茶、黑茶等。

主要名茶

名茶主要有西湖龙井、洞庭碧螺春、黄山毛峰、老竹大方、休宁松萝、太平猴

武夷山山间茶园

魁、敬亭绿雪、南京雨花茶、君山银针、安化松针、恩施玉露、大红袍、庐山云雾、顾渚紫笋茶、武夷肉桂、祁门红茶等。

◦ 西南茶区

西南茶区位于中国西南部，这里是世界茶树的发源地，是中国最古老的茶区，有中国最古老的茶树。

西南茶区包括贵州、四川、重庆、云南中北部及西藏东南部。这个地区属亚热带季风气候，地势高，垂直气候变化大，雨、雾天多。这个区域的茶树种类很多，南部以种植大叶种为主，北部以种植中、小叶种为主。

著名茶山

西南茶区的茶资源丰富，著名的茶山有蒙顶山、峨眉山、青城山等。

茶叶种类

西南茶区主要生产红茶、绿茶、黄茶、边销茶（其中最著名的是普洱茶）等。

主要名茶

西南茶区名茶有都匀毛尖、蒙顶甘露、青城雪芽、竹叶青、普洱茶等。

◦ 华南茶区

华南茶区位于中国的最南端，主要包括福建东南部、广东中南部、广西南部、云南南部、海南省、台湾省。华南茶区属热带、亚热带的季风气候。茶树多为乔木型大叶种，也有半乔木和灌木，山区有野生乔木型大茶树，如西双版纳巴达古茶树、易武古茶园等。

著名茶山

华南茶区的茶资源丰富，著名的茶山有云南普洱茶产区的六大茶山、凤凰山、武夷山、五指山、阿里山等。

茶叶种类

华南茶区主要出产红碎茶、红茶、绿茶、青茶(乌龙茶)、白茶、黑茶、花茶等。

主要名茶

华南茶区名茶有铁观音、永春佛手、冻顶乌龙茶、东方美人茶、包种茶、凤凰单枞、凌云白毫、茉莉花茶、普洱茶、南糯白毫、六堡茶等。

西南茶区

突出贡献：茶树原产地，茶树品种繁多，保留远古茶俗

主要名茶：普洱茶、竹叶青、蒙顶甘露、都匀毛尖等

茶叶种类：黑茶、绿茶、红茶、黄茶等

江北茶区

突出贡献：中国最北部的茶区
主要名茶：信阳毛尖、六安瓜片、霍山黄芽、舒城兰花等
茶叶种类：绿茶、黄茶等

江南茶区

突出贡献：中国名茶最多、历史最悠久的茶区之一
主要名茶：龙井茶、碧螺春、黄山毛峰、太平猴魁、君山银针、庐山云雾、大红袍（武夷岩茶）、正山小种等
茶叶种类：绿茶、红茶、白茶、乌龙茶等

华南茶区

突出贡献：这个地区盛行的功夫茶泡饮方法是现在中国茶艺的基础
主要名茶：铁观音、黄金桂、凤凰水仙、六堡茶、冻顶乌龙、白毫乌龙等
茶叶种类：乌龙茶、红茶、绿茶、白茶、花茶等

到目前为止，中国已有云南普洱古茶园与茶文化系统、福建福州茉莉花种植与茶文化系统等13个全球重要农业文化遗产保护试点项目，人们越来越关注农业生态系统，环境与生态问题和茶饮安全问题被提到前所未有的高度，各大茶叶产区都在积极探索茶园栽培模式，推进有机生态茶园的建设。

生态茶园是一种更加注重茶园生态平衡的栽培模式。生态茶园可利用同一块土地上的不同空间形成立体层面的茶园，有平地、缓丘的立体茶园等多层结构栽培模式，茶树与共生生物互补、互利，生物产量高，维护有利于茶树生长的生态环境，让茶园返璞归真。

第2章

从树叶到茶叶

从一片片被我们的先人放在唇齿间咀嚼的树叶，到现在千姿百态五颜六色在杯中起舞的茶叶，茶和炎黄子孙共同走过了几千年。茶的样子在变，喝茶的方式在变，不变的是我们几千年沉醉于斯，对茶一往情深！

四川市井老茶馆

茶树的原产地、进化和传播

◦ 发现——茶树原产于中国

中国的西南部、南部沿北回归线两侧是山茶科植物的主要生长区域，也是茶树的原产地。

1753年，现代生物学分类命名的奠基人、植物学家、探险家，瑞典的林奈(C. Linnaeus)在他的著作《植物种志》中，将茶树定名为“Thea sinensis”——中国茶树。

中国发现和利用茶树已有2000余年历史，秦汉成书的《尔雅·释木篇》中已有“槚，苦荼也”的记载（槚：茶树的古称）。唐代陆羽《茶经》中已记载有“两人合抱”的大茶树。至20世纪90年代，中国11个省（自治区）已有200多处发现野生大茶树，云南省镇沅、景东、勐海、澜沧、师宗等地都有树龄近千年，树高20多米，树干直径超1米的古茶树。中国发现的野生大茶树最早、最多、最大。

一般认为，中国的滇、桂、黔毗邻区为茶树的起源中心。中国西南具有特殊的地理环境，有寒温热三带气候，在复杂的地形中有未遭受过冰川侵袭的地区，自古便是许多古老植物或新生孤立类群的发源地。

除中国外，中缅边境的伊洛瓦底江发源地，东南亚越南、缅甸、泰国等地也有野生茶树分布。

◦ 茶树的进化

茶树最初是野生的，当我们的祖先开始发现和栽培茶树后，其逐渐从原始型形态向进化型形态变化，茶树的生长区域、茶树形态等都在逐渐变化：

◆ 由乔木型演化为小乔木——灌木型；

◆ 树干由中轴演化为合轴；

◆ 叶片由大叶演化为中、小叶；

◆ 花冠由大到小，花瓣由丛瓣到单瓣，果室由多室到单室，果壳由厚到薄，种皮由粗糙到光滑，等等。

茶树的进化性状不可逆转，如灌木中小叶茶树即使生长在与乔木大叶茶树相似的生态条件下，也不可能再现乔木大叶茶树的形态特征。

◦ 茶树的传播

茶树或自然扩散（即种子凭借自然的流水、滚动、风吹、禽兽衔叼等传播）；

或人为传播（即人把茶树的种子或茶树苗异地种植）。茶树生长范围因此而不断扩大和延伸。

茶树在国内的传播

根据茶叶科学研究，茶树从原始型向进化型演变，地理上的变迁路线为四条：

- ◆ 云南经广西、广东到海南；
- ◆ 从云南经贵州、湖南、江西、福建到台湾；
- ◆ 从云南经四川、重庆、湖北、安徽到江苏、浙江；
- ◆ 从云南经四川到陕西、河南。

在这些传播过程中，茶树也在不断深化，衍生出不同的形态与风味

茶树向世界传播

中国茶传入日本、印度、锡兰（今斯里兰卡）、印度尼西亚、俄罗斯，这些国家已成为世界主要产茶国。

◆ 茶树最先传入日本。805年（唐顺宗永贞元年）日本最澄禅师来中国学佛，并将茶籽带回，种植于滋贺县；

◆ 印度于1780年由东印度公司从广东、福建引种至不丹和加尔各答植物园；

武夷山百年茶茶园

◆ 锡兰（今斯里兰卡）于1841年从中国直接引种茶树，1867年大量种植；

◆ 印度尼西亚始种植于1684年；

◆ 俄国在1887年大规模引种到黑海沿岸。

20世纪60年代和80年代，中国茶种又先后被引种到几内亚、马里、摩洛哥、阿尔及利亚和巴基斯坦等国。至20世纪90年代，茶已传播到50多个国家和地区。中国茶可谓惠及全球。

从龙团凤饼到蓬松散茶

神农尝百草，中毒后偶尔咀嚼茶树叶解毒而发现了茶叶，这是中国人耳熟能详的故事。我们的先祖最初吃的是茶的鲜叶，云南南部深山里的少数民族至今保留着采下茶鲜叶，洗烫后加调料拌食的食茶方法，这或许就是唐代以前的“茗菜”。产量较多时，鲜叶用不完，晒干保存，需要时再用水泡。慢慢地，吃茶转变为喝茶，茶叶的加工逐步完备。中华民族经历几千年斗转星移，茶叶的形态也发生了变化。

中国古代茶类划分是随着朝代更替而变化的。唐代陆羽《茶经·六之饮》中记载：“饮有粗茶、散茶、末茶、饼茶”，《宋史·食货志》中说“茶有两类，曰片茶，曰散茶”。元代则根据鲜叶老嫩度不同，将散茶分为“芽茶”和“叶茶”两类。明代已有绿茶、黄茶、黑茶、白茶之分。明末清初乌龙茶出现，六大茶类基本齐全。

° 唐宋时期的龙团、凤饼

龙团、凤饼是唐、宋时期加工制作的团状或饼状茶叶，又叫“团茶”“饼茶”“片茶”。

唐、宋时是饼茶生产的鼎盛时期。团饼茶形状有方有圆，大小不一。

唐代陆羽的《茶经》中引用三国时期魏国张揖所著的《广雅》：“荆巴间采茶作饼”。《茶经》里更记载了当时茶叶的制作方法：“晴采之、蒸之、捣之、拍之、焙之、穿之、封之，茶之干矣。”（《茶经·三之造》）意思就是采下鲜叶，蒸后捣碎，之后拍制成团饼，最后将团饼茶穿起来焙干、封存。唐代饼茶表面无纹饰或有简单图纹。

宋代制茶是把鲜叶蒸青、捣碎、压模、烘干制成。宋代饼茶拍制工艺较唐代更为精巧，“饰面”图案有大发展，图文并茂，龙腾凤翔，表面龙凤纹饰极为讲究。宋代的北苑贡茶专用于进贡皇室，极富盛名，各种进贡的大小龙凤饼茶都有吉祥的茶名，如万寿龙芽、瑞云翔龙、长寿玉圭、太平嘉瑞等。

龙团凤饼图谱之一

由于龙团凤饼制作耗时费力，因此朱元璋于洪武二十四年（1391年）颁发了废团茶、兴叶茶的诏令后，团饼茶生产日衰，散茶渐渐成为主流。

◦ 明代兴散茶

散茶的大发展始于明初，明代末年，全国各产茶地几乎都生产散茶。散茶虽然兴盛于明，并成为后世茶叶的主要形态，但其出现要远早于明代，在唐代陆羽《茶经》中就已有散茶的记载，且唐、宋时就已有散茶名茶，如唐代的蒙顶石花、雀舌、蝉翼等；宋代的峨眉白芽茶、双井白芽、庐山云雾、宝云茶、日铸雪芽等；元代的紫笋、雨前、岳麓茶、龙井茶、阳羡茶等。

散茶用较细嫩的原料制成，芽叶完整，未经压制。元代还按原料老嫩程度，将散茶分为叶茶和芽茶。叶茶是用较大芽叶制成的散茶，芽茶是用细嫩芽叶制成的散茶。

随着散茶的兴起，茶叶加工工艺不断变化，茶叶形态、种类不断丰富，越来越接近今天我们杯中的茶叶。

◦ 现代茶叶的分类方法

中国产茶区域广阔，出产的茶品形态、样式数不胜数，茶叶可以依据很多种方法进行分类，如按茶叶的加工工艺、产地、采制季节、茶叶的级别、外形、销路等进行分类。

按加工工艺分类

茶叶的加工工艺不同，其所含的茶多酚氧化程度也不相同，就此可将其分为绿茶、红茶、青茶、黄茶、白茶、黑茶六大茶类。这也是传统的茶叶分类。

按产地分类

我国有20个省、区产茶，可将不同省、区所产的茶叶分为浙茶、闽茶、台茶、滇茶、赣茶、徽茶等，如普洱茶、滇红工夫茶等属于滇茶，铁观音、黄金桂、肉桂等属于闽茶。

按产茶季节分类

按季节不同可将茶叶划分为春茶、夏茶、暑茶、秋茶、冬茶。春茶在清明前采摘的为明前茶，谷雨前采摘的为雨前茶，绿茶中以明前茶品质为最好，数量少，价最高。

按质量级别分类

茶叶不同，级别也不同，一般分为特级、一级、二级、三级、四级、五级等，有的特级茶还细分为特一、特二、特三等。如普洱散茶分为特级、一级、二级至十级，共11个级别。级别不同，品质各有差异，一般级别会印在相应的茶叶外包装上，方便消费者辨别。

按外形分类

茶叶外形差别较明显，有针形茶，如安化松针等；扁形茶，如龙井茶、千岛玉叶等；曲螺形茶，如碧螺春、蒙顶甘露等；片形茶，如六安瓜片等；兰花形茶，如舒城兰花等；单芽形茶，如蒙顶黄芽等；直条形茶，如南京雨花茶等；曲条形茶，如婺源茗眉、径山茶等；珠形茶，如平水珠茶等。

按加工程度分类

按茶叶的加工程度分为初制茶，也称毛茶；精制茶，即商品茶、成品茶；深加工茶，如速溶红茶等。

按发酵程度分类

茶叶又分为不发酵茶，如绿茶；轻发酵茶，如黄茶、白茶；半发酵茶，如青茶（乌龙茶）；全发酵茶，如红茶；后发酵茶，如黑茶。

按创立时间分类

分为历史名茶和现代名茶等，历史名茶如顾渚紫笋、仙人掌茶等；现代名茶，如高桥银峰、南京雨花茶等。

龙井茶茶叶交易市场

按销路进行分类

按销路进行划分，则有外销茶、内销茶、边销茶和侨销茶等。

清楚了这些不同的茶叶分类方法，就可以快速地参透茶叶名称里的奥妙。

◦ 基本茶类与再加工茶类

我们最常用的分类方法是根据茶叶制作方法和茶多酚氧化程度的不同而划分的六大基本茶类，以及以基本茶类为原料再加工成的再加工茶类。

基本茶类

茶鲜叶经过不同制造过程，形成不同品质的成品茶。中国现代生产的茶叶依据制造方法和茶多酚氧化程度的不同分为六大类，即绿茶、白茶、黄茶、乌龙茶（青茶）、黑茶、红茶。六大茶类中各自包含着数种至数百种茶叶，外形、内质都有所差别，其中最主要的区别为：

◆ 茶多酚的氧化程度，绿茶 < 白茶 < 黄茶 < 乌龙茶 < 黑茶·红茶，绿茶最轻，黑茶和红茶最重。

◆ 因为茶多酚的氧化聚合物随氧化程度由浅入深，会由黄色向橙色、红色、黑褐色渐变，从而导致茶叶外观色泽由绿色向黄绿色、黄色、青褐色、黑色渐变。

◆ 同理，茶叶汤色也会由黄绿色向绿黄色、黄色、橙黄色、红色、红褐色渐变。

再加工茶类

以基本茶类的茶叶为原料经再加工而形成的茶叶产品。根据再加工方法的不同可分为花茶、紧压茶、袋泡茶等。其中最为著名的，是花茶中的茉莉花茶，不仅中国闻名，而且香飘世界。

◦ 茶的深加工产品

茶叶有解毒、消炎的药用价值，近年来的科学研究发现，茶树的根、茎、叶、花、果和种子都具有较高的利用价值，经深加工，提取其中的有效成分，可以不同程度地应用于食品业、医药业等方面。

◆ 药用：从茶叶中提取出的茶多酚、咖啡碱、多糖等，具有多种保健功能，可制成具有防癌、防止血管硬化、调节血脂、调节血压、调节血糖、抗衰老、抑菌等功能的多种药物。

◆ 保健品：以茶和某些中草药科学复配后制成各种保健茶，具有健身防病作用；用茶渣做枕头也有保健功效。

◆ 食品添加剂：从茶叶中提取出的某些有效成分可作为食品的抗氧化剂、着色剂、调味剂、保鲜剂、功能增强剂等。

◆ 菜肴配料：以茶鲜叶、成品茶和茶粉作配料可制作出多种多样的菜肴。

◆ 化妆品：用茶粉或茶叶提取物可制备成护肤、护发等化妆品。

◆ 清洁剂、除臭剂：用茶渣或茶汁擦洗家具等用品，有去污增亮作用，用干燥茶叶放入食物容器或冰箱中可去除异味。

◆ 饲料：将茶渣处理后可作家畜的饲料添加剂，有防病、增加奶牛产奶量等作用。

◆ 肥料：将茶渣或茶汁用作花草肥料，有提供植物营养、防治某些病虫害的作用。

◆ 环保、化工：经处理的茶粉末或提取物能吸附有害金属离子，故可用于水处理，茶汁在制造氮肥的过程中也可用于脱硫。

冲泡后的茶叶叶底

和谐的生态茶园——山顶云雾缭绕，山坡上竹林涛涛，山间，静静的茶园与摇曳的树木俯仰唱和，民居房舍错落其间，山脚下是连片的稻田。茶与周围的竹木共存共生，人与茶园和谐相处，完美体现了中国传统农耕文化的智慧。

多姿多彩的外形

茶叶的外形即是指茶叶的外形状态，这些跟茶叶的类别、品种、嫩度、加工工艺等有着密切的联系。但不管以上提到的几点起着多么大的决定因素，好茶叶的外形都应整齐匀净、色泽油润、香气鲜纯，无异味，不夹杂茶叶以外的其他杂物。

茶叶的外形多种多样，如单芽形（如白毫银针）、针形（如安化松针）、扁形（如龙井）、颗粒形（如铁观音）、卷曲形（如碧螺春）、片形（如六安瓜片）、雀舌形（如特级黄山毛峰）、花朵形（如白牡丹）、条形（如凤凰单枞）、粉末状（如抹茶）、环形茶（茉莉女儿环）、麦穗形茶（茉莉金穗）。

兰花形茶（猴魁）

单芽形茶（白毫银针）

粉末状茶（抹茶）

兰花形茶（舒城兰花）

卷曲形茶（碧螺春）

碎茶（CTC红茶）

单芽形茶（绿雪茶）

环形茶（茉莉女儿环）

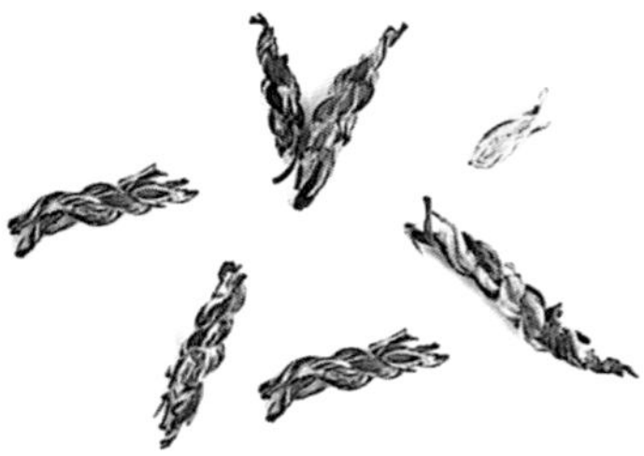

麦穗形茶（茉莉金穗）

条形茶（凤凰单枞）

扁形茶（龙井）

球状茶（大禹岭乌龙）

片形茶（六安瓜片）

针形茶（信阳毛尖）

兰花形茶（安吉白茶）

五颜六色的茶汤

茶汤就是将茶叶泡开后的茶水。茶水的颜色和茶叶的浸出物有关，有些是由茶叶本身的色泽决定的，如绿茶；有些是由加工工艺转化而来的，如红茶、黑茶、乌龙茶等。不同茶叶的茶汤颜色由采摘鲜叶的嫩度、加工工艺、茶树的品种、地域等诸多因素决定。

好茶冲泡出的茶汤颜色应该清澈、明亮、不浑浊。

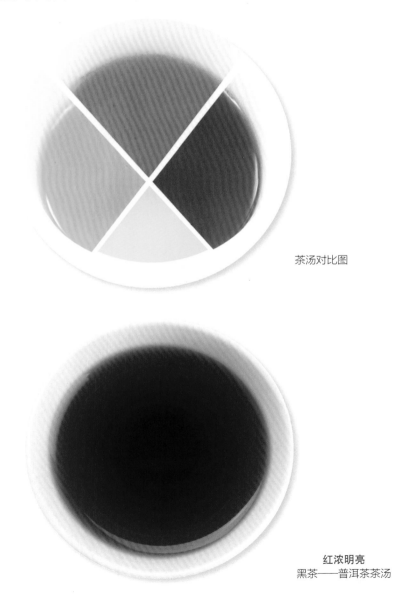

茶汤对比图

红浓明亮
黑茶——普洱茶茶汤

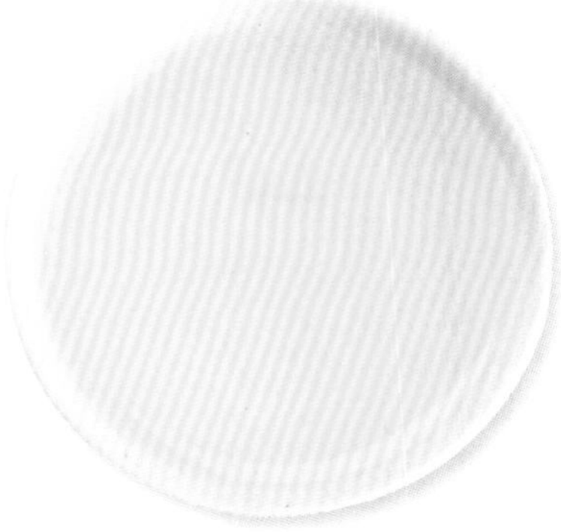

嫩绿、清澈明亮
绿茶——龙井茶汤

杏黄明亮
白茶——白毫银针茶汤

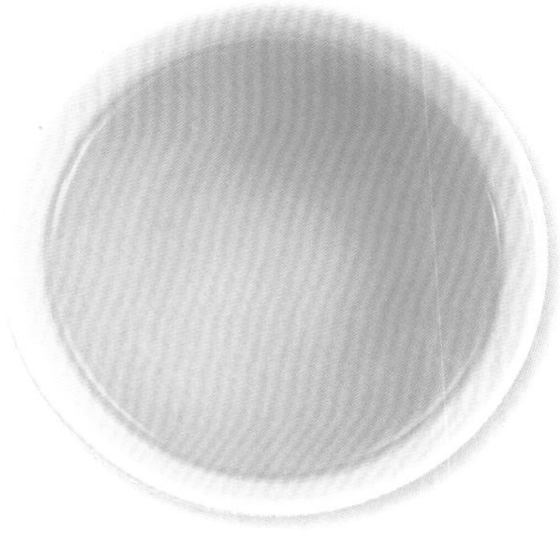

嫩黄明亮
黄茶——君山银针茶汤

黄绿明亮
青茶——铁观音茶汤

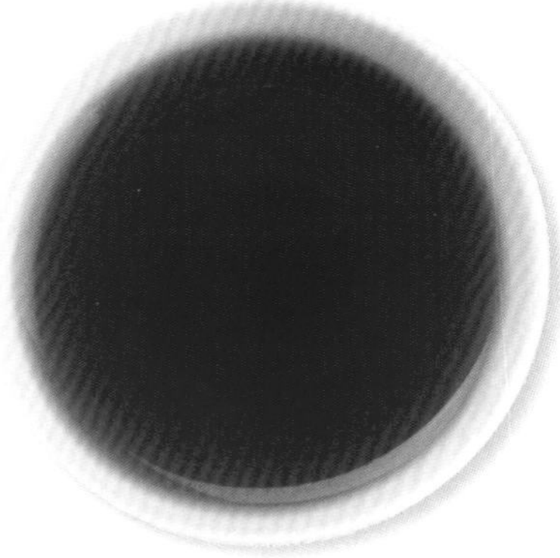

红艳，有金圈
红茶——滇红茶汤

橙黄明亮
青茶——岩茶茶汤

第3章 名茶鉴赏

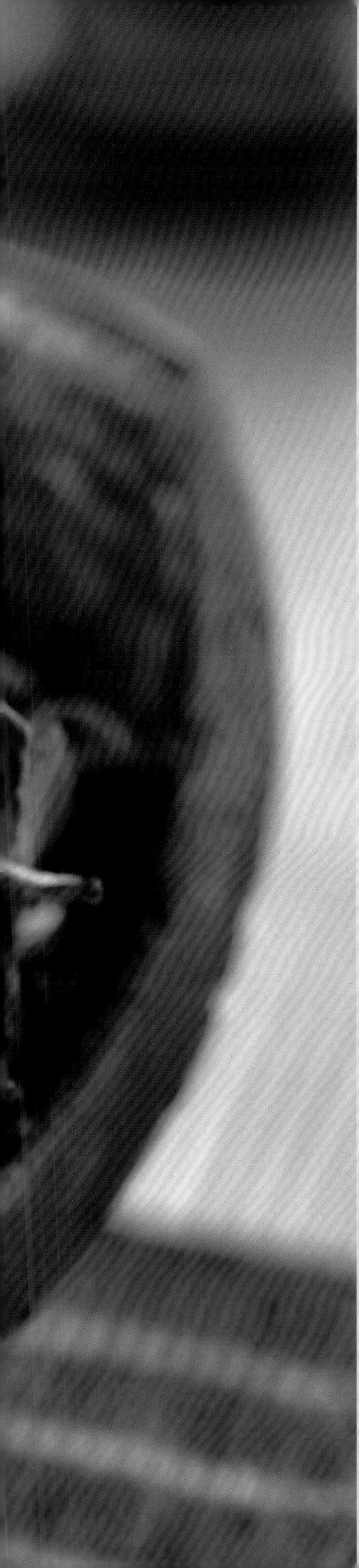

中国茶叶有名字的有几千种，各产茶省的传统名茶和创新名优茶各有百十种。以产茶大省安徽为例，安徽唐代就有寿州黄芽、六安茶、小岘春、天柱茶、庐州茶、雅山茶、九华山茶、新安含膏、歙州方茶等生产，现在全省传统名茶和新创名优绿茶、红茶、黄茶、花茶有百余种，而绝不止特别著名的那几种茶——比如黄山毛峰、祁红、太平猴魁、舒城兰花、六安瓜片等。

微信扫描书中含“ ”图标的二维码
听中国茶故事，品历史悠久茶文化
另配中国茶事交流群

条索粗壮、毫毛多的普洱散茶。

白茶

白毫银针——茶中美人

白毫银针茶芽肥壮，茸毛密披，银光闪闪，宛如身上蒙了一层厚厚的白霜，分外诱人。『茶王』『美女』都是人们对白毫银针的赞誉。

白毫银针也叫『白毫』『银针』『银针白毫』，创制于清嘉庆元年（1796年），它的故乡是福建福鼎、政和，使用的原料是福鼎特有的茶树『菜茶』，一般采用春茶头一、二轮的顶芽，只取一芽一叶，用料可谓高端，难怪欧洲人讲究在泡饮红茶时加入一些白毫银针，以彰显茶品档次。

◎福鼎是闽越和瓯越文化的发源地之一，是闽浙之间的重要城镇。

◎2010年，福鼎市申报的福鼎白茶制作技艺，入选第三批国家级非物质文化遗产名录，传统技艺项目类别。

◎著名的『仙境』太姥山就位于福鼎市正南方向，距市区45千米。

政和自然资源丰富，是中国锥栗之乡、全国最大的白茶基地，茶叶基地县、茉莉花基地县。

◎政和工夫红茶，为福建三大工夫茶之一。

◎白毫银针是白茶中最名贵的品种，也是级别最高的白茶品种。

白毫银针制作时不炒也不揉，只是晒晾至八九成干，再以焙笼文火焙干。正是因为白茶这种最少人为加工，具有最接近茶叶自然、本真的滋味和香气的特色，追求返璞归真的都市现代人对其越来越趋之若鹜，使白茶渐趋流行。同时，也是由于白茶的这种制作工艺，冲泡白茶时茶汁不易浸出，一般要用稍稍凉过的沸水冲泡，之后静静地等待，5分钟左右茶芽始从水面陆续沉落，约10分钟后茶汤泛黄，才好品饮。如果用玻璃杯冲泡，泡好的白毫银针条条挺立，如陈枪列戟，轻轻晃动杯子，微吹啜饮，看芽叶升升降降、飘飘摇摇，心旌随之摇曳，自己恍如方外之人，何止是享受！

茶 芽头肥壮、色白，茸毛厚，满披白毫，挺直如针。

汤 汤色浅杏黄。

香 香气清芬。

味 清鲜爽口。

奇 有型有款，银白肥壮。白毫银针同其他白茶一样，有退热、降火解毒之功。

老白茶

对老白茶的喜好正在狂热的茶友中快速蔓延。跟老普洱一样，老白茶是指存放了多年的白茶，经过岁月的淘洗，白茶在沉睡中变化，原本的浅绿、灰色慢慢地变深，逐渐变得褐红，茶汤颜色也随着茶叶存放时间渐长而渐深，滋味在清鲜爽口略带清甜的基础上逐渐增加了类似红茶的香甜圆熟，愈加温婉怡人，难怪人们喜欢老白茶。

冲泡老白茶需要注意老白茶的品种，注意水温，如果是原料粗老的寿眉、贡眉等，水温宜稍高些，用铁壶或陶壶煮水后冲泡很合适。如果是银针，或者白牡丹，铁壶里的水应先晾一下，即使这样，水温也要比随手泡泡茶时要高，晾过的水温，能更好地激发茶的韵味。

另外，『老白茶』是相对当年新茶而言。有一种名为『新白茶』的白茶，全名为『新工艺白茶』，研制于1969年，是产于福建福鼎的半条形白叶茶（白茶还按原料分为芽茶和叶茶）。新白茶的原料与制法同『贡眉』，与传统工艺的白茶不同，其加入了轻度揉捻这一工艺，使茶叶略有卷褶，呈半卷条形，暗绿带褐，香清味浓，冲泡后汤色橙红，汤味似绿茶而无青气，似红茶而不涩，浓醇清甘，也很好喝。

白茶

白牡丹——『红妆素裹』

白牡丹有『红妆素裹』的美誉。因其绿叶夹着银色，白毫芽形酷似花朵，冲泡之后绿叶托着嫩芽，宛若蓓蕾初开故而得名。

白牡丹为福建省的特产，目前主产区分布于政和、建阳、福鼎、松溪等地。

白牡丹的产地之一建阳，是这样的一个地方：

◎1922年左右，白牡丹首次创制于福建省建阳县水吉乡。1922年政和县亦开始制作。

◎建阳是福建省最古老的五个县邑之一。宋代曾以『图书之府』和『理学名邦』闻名于世。

◎建阳属于南平市，是福建的『北大门』。以『闽北粮仓』『茶果基地』『林海竹乡』著称于省。

◎建阳是朱熹、蔡元定、刘爚、黄干、熊禾、游九言、叶味道等『七贤过化』之乡。

◎建阳是『理学之乡』。我国著名的思想家、哲学家、教育家朱熹晚年定居此处，并与蔡元定等人创立『考亭学派』。

白牡丹是白茶中的代表，其原叶选用大白茶树或水仙种的短小芽叶新梢的一芽一叶、一芽两叶制成。干茶肥厚，不成条索，叶缘向叶背卷曲，形成不规则的叶片，显毫，叶背布满茸毛。

茶 叶片肥壮，不成条索，叶缘向叶背卷曲，形成不规则的叶片，显毫，叶背布满茸毛。

汤 汤色杏黄或淡黄色。

香 香气浓郁，口齿留香。

味 茶味鲜爽，回味甘甜。

奇 具有形似兰花的芽叶，叶白脉翠的独特品质。

寿眉——老寿星之眉

白茶

寿眉是白茶中产量最高的一个品种，因其茶形与老寿星的眉毛相似，因此得名。寿眉历史悠久，原产地就在建阳漳墩镇，当时由该镇南坑村萧氏兄弟所创制。于1772年形成白茶主产区至今，具有200多年的生产历史。

寿眉主要产于福建建阳，建瓯、浦城等地也有生产，寿眉产量占白茶总产量的一半以上。

寿眉的产地建瓯是这样的一个地方：

◎建瓯是福建省陆地面积最大、闽北人口最多的县级市。

◎建瓯是福建历史上出进士最多的地方。

◎历史上的建瓯人才辈出，较为知名的有：朱熹（宋代理学家）、杨荣（史称『三杨辅政』的政治家之一）、袁枢（历史学家）、吴域（音韵学家）、徐竞（外交家）、吴激（文学家）等。

◎有福建历史最久、规模最大的佛教圣地光孝禅寺。

◎有『中华一绝』的妈祖木雕神像。

◎有标志性建筑『五凤楼』（鼓楼）。

◎有福建省现存规模最大、具有浓郁宋代建筑风格的建宁府孔庙等名胜古迹。

寿眉是以菜茶有性群体茶树芽叶制成的白茶。用菜茶芽叶制成的毛茶称为『小白』，用来区别于福鼎大白茶、政和大白茶茶树芽叶制成的『大白』毛茶。菜茶茶芽曾用以制造白毫银针，其后改用大白制白毫银针和白牡丹，而小白则用以制造贡眉。一般以贡眉表示上品，质量优于寿眉。采摘标准为一芽二叶至一芽二、三叶，要求含有嫩芽、壮芽。主要销往港、澳地区。

茶 外形芽心较小，色泽灰绿带黄，叶背布满茸毛。

汤 汤色黄亮、清澈。

香 香气鲜醇。

味 滋味清甜鲜爽。

奇 色泽灰绿，茶叶主脉迎光透视呈红色。

普洱茶——不老的经典

普洱茶包括传统工艺的生茶和现代工艺的熟茶。作为中国茶中的一种地方特种茶，普洱茶这一名词正式载入史书是在明代，明朝的谢肇制在《滇略》中写道：『士庶所用，皆普茶也』。

普洱茶主产于云南西双版纳和普洱市一带。普洱市是普洱茶的故乡，也是世界著名的茶树种植和茶文化的起源地，茶马古道的源头就在此。

普洱的茶产地普洱市是这样的一个地方：

◎普洱市原名思茅，普洱这个名字由来已久，清朝曾在此设普洱府，普洱茶因此得名。后普洱茶的名声越来越响，思茅则改名普洱。

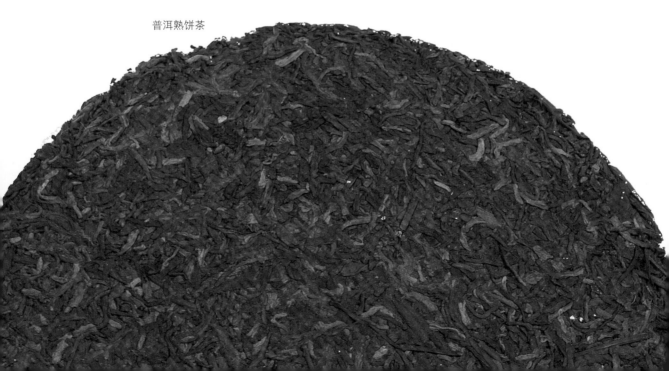

普洱熟饼茶

普洱生饼茶

◎普洱有很多特产，较为出名的特产有：茶叶、核桃、蕨菜、竹笋、食用菌、紫米、香糯、芒果等，其中最出名的当属普洱茶。

◎普洱地区作为普洱茶的原产地和主要贸易集中地，被人冠以『茶都』的称号，国际茶叶委员会授予普洱『世界茶源』称号。

◎普洱市生活着佤族、拉祜族、哈尼族、彝族等少数民族，饮食习惯多种多样。独特的民族风情，吸引了不少人前来旅游。

◎这里是《阿佤人民唱新歌》《芦笙恋歌》的诞生地。

茶 色泽褐红或深栗色，专业上称为猪肝红，外形紧结，条索清晰。

汤 汤色红浓透亮。

香 独特的陈香。

味 口感醇厚，无霉味。

奇 全渥堆发酵茶，有排毒养颜、祛暑消食等功效。

熟茶

所谓普洱熟茶，也称人工发酵普洱茶或现代工艺普洱茶。采摘下来的茶鲜叶，经过杀青、揉捻、晒干制成晒青毛茶，再采用渥堆（即人工发酵）的方法快速发酵。这样可以让普洱茶在短时间内就达到贮放几年以上的口感品质。

目前，人工发酵的熟茶在市场上占有额较大。人工渥堆制成的熟茶经过一段时间（约20天）的贮存，茶性更加稳定。

品饮普洱茶适合用玻璃、白色的品杯，以观看普洱茶红浓透亮的茶汤颜色。粗犷的大品杯也比较适合品饮普洱茶。普洱茶紧压茶较结实，撬茶时要顺着茶叶压制的茶叶条索走向，以免破坏茶的叶面或弄伤手。

在云南少数民族文化中，“七”是一个吉祥的数字，象征着多子多福，七子相聚，月圆人圆，圆圆满满。因此，七子饼茶经常作为当地人儿女结婚时的彩礼和逢年过节的礼品，表示“七子”同贺，祝贺家和万事兴。七子饼茶因包装时每摞有7块，每块直径为20厘米，重约7两，故而得名。每一摞七子饼茶均用竹箬包装成筒。这种竹箬用产于云南大竹子上的笋干外壳制成的，纤维强韧，自然清香，透气性能好，用竹箬包装的茶叶在运输途中不易破碎损坏，同时竹箬又有防湿、过滤杂味的功效。

TIPS：

“渥堆”工艺，即人工发酵，是20世纪70年代在传统工艺熟洱茶制作工艺的基础上开发的。

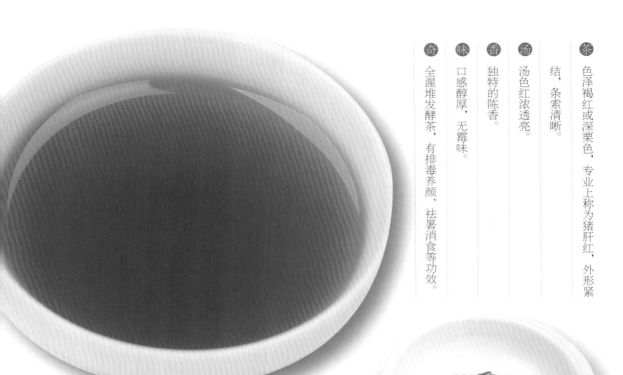

茶 色泽墨绿，条索紧结。

汤 汤色明亮黄绿。

香 香气清纯持久，但刺激性较强，贮放到一定程度变得醇厚、陈香。

味 滋味生涩、刺激，回甘好。

奇 以自然方式贮放，等待茶叶慢慢发酵。

生茶

所谓普洱生茶，就是指采摘下来的茶鲜叶，经过杀青、揉捻、晒干，制成晒青毛茶，再压制成各种形状的紧压茶。生茶以自然方式贮放，等待茶叶慢慢发酵，茶叶的口感，也会逐渐由生涩、霸气，变为醇厚、陈香，对于喜爱普洱的人来说，这个等待的过程本身就是一种极佳的精神享受。

生茶经过长时间的自然发酵慢慢变成熟茶这个过程需要一定的年限（一般为5年以上）。这跟前面提到的“熟茶”有什么区别呢？其实前面提到的“熟茶”是指在渥堆（即人工发酵）的条件下使茶叶快速发酵，使普洱茶在短时间内就能达到贮放多年的品质。两者区别就在于一个是自然条件发酵而成，一个是在人工操作下发酵而成。

TIPS：

将生茶放在适宜的温湿度下自然存放5~10年，可以得到口感最好的自然陈化普洱茶。

黑茶

千两茶——世界茶王

『千两茶』是独特的茶品，其每卷（支）茶叶重约36.25千克，合老秤一千两，故而得名，被誉为『世界茶王』。又因其外表用篾篓包装成花格状，故又被称为花卷茶。

千两茶主要产于湖南益阳安化，以高家溪、马家溪两地的茶叶品质为最佳。16世纪初，中国历史上第一次出现『黑茶』两字。千两茶前身为百两茶，140年前的清同治年间出现第一支千两茶。

千两茶的产地安化，是这样的一个地方：

◎安化是世界黑茶的生产中心，安化茶叶历来就有『山崖水畔，不种自生』的特点。

◎紧压茶的发源地也在安化，这里先后诞生了第一块黑茶砖、第一块茯砖茶、第一块花砖茶产品。

◎经考证，长沙马王堆一、三号汉墓出土的茶叶，就是安化黑茶。

◎安化县是梅山文化的发源地之一。

◎安化是一个人才辈出的地方，很多名人从这里走出：陶澍（清代两江总督）、罗饶典（云贵总督）、黄自元（著名书法家）、龙驭球（两院院士），羽毛球世界冠军唐九红、龚智超、龚睿娜等。

◎安化茶叶叶片柔软肥厚，可塑性大，极利于加工。

千两茶采用优质的黑茶为原料，黑茶鲜叶的采摘一般在5~6月，可一叶叶摘下，也可连枝带叶采摘，通称『老茶』。千两茶的加工方法相当古朴，工艺分两个阶段，全部制作工序均由手工完成。第一阶段是粗制工序形成黑毛茶，包括杀青、揉捻、渥堆、复揉、烘干等工艺；第二阶阶为加工千两茶精制过程，包括蒸、装、勒、踩、凉置等，甚至于水分的高低、温度湿度的控制，都有极其精确的物理化学指标。

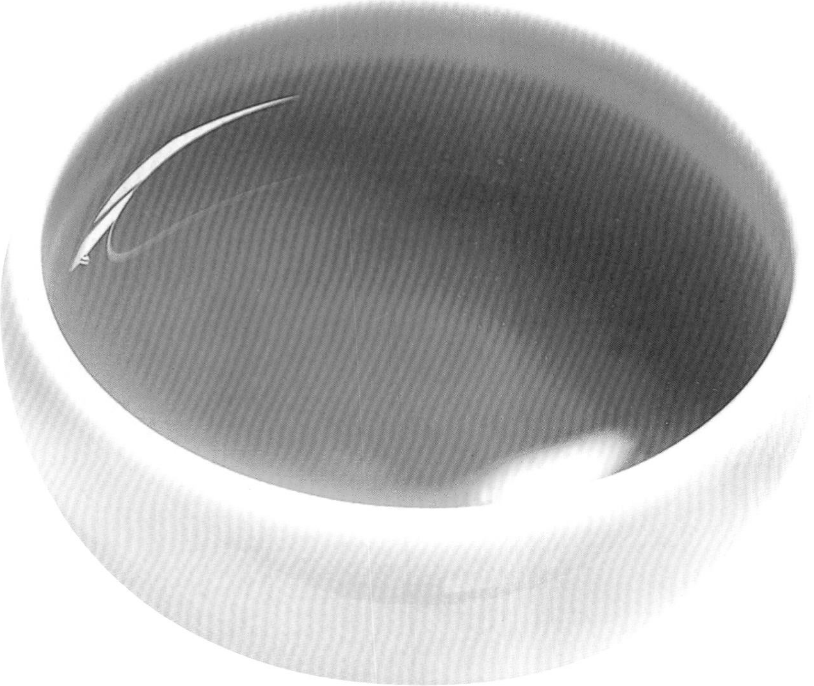

茶 外形条索紧卷，叶质较嫩，色泽黑润。

汤 汤色橙黄明亮。

香 沉香馥郁。

味 滋味醇厚绵长。

奇 在以前，每支茶重千两，茶砖一般长约1.5~1.65米，宽0.2米左右，净重约36.25千克。当时运茶的路途悠远，制成『千两』的规格既不枉费一次马帮行走，运输起来又方便。现也还少量生产，还有百两重量的茶。

黑茶

六堡茶——清心明目助消化

六堡茶历史悠久，因原产于广西梧州市苍梧县六堡乡而得名，素以『红、浓、醇、陈』四绝而著称。

相传在200多年前，六堡茶从湖南江华道县通过广西贺县八步传入苍梧，清嘉庆年间就被列为全国名茶。其主产区为六堡乡，现在苍梧的五堡乡狮寨，相邻的贺县沙田，以及岑溪、横县等多个县均有生产，邻近的广东罗定、肇庆等地少量生产。

◎六堡茶的产地苍梧，是这样的一个地方：

◎苍梧位于广西东部，素有『广西水上门户』及『两广咽喉要地』之称。

◎苍梧是『中国名茶之乡』。六堡乡是六堡茶的原产地，该乡种植六堡茶已有一千三百多年历史。

◎广西的商品粮基地、中国的八角之乡以及全国八大产脂县之一。

◎除六堡茶外，当地还有古凤荔枝、桂江蜜柚、沙头迟熟荔枝、大坡沙糖桔等特产。

◎六堡茶传统加工工艺被列入中国非物质文化遗产，已获得国家地理标志认证。

六堡茶是以小叶种茶鲜叶为原料，其采摘标准为一芽二三叶或一芽三四叶，一般白天采摘，晚上制作。其制作工艺分为初制和复制两种。初制工艺包括杀青、揉捻、沤堆、复揉、干燥；复制包括过筛整形、拣梗拣片、拼堆、冷发酵、烘干、上蒸、踩篓、凉置陈化。在包装上，一般采用传统的竹篓包装，有利于茶叶贮存时内含物质继续转化，使滋味变醇、汤色加深、陈香显露。

茶 条索尚紧，色泽黑褐光润。

汤 汤色红浓明亮。

香 香气醇陈，有的有槟榔和松烟味。

味 醇和爽口。

奇 独特的槟榔香，越陈越佳。

四川边茶——香气纯正，滋味平和

黑茶

四川边茶（藏茶）有两种，一种为『南路边茶』，以雅安为制造中心，雅安、天全、荥经名山、芦山等为主产地，专销康藏；一种为『西路边茶』，都江堰（古称灌县）为制造中心，以都江堰、崇州、大邑等为主产地，专销川西北松潘、理县等地。

四川边茶（藏茶）的产地雅安是这样的一个地方：

◎雅安素有『川西咽喉』『西藏门户』『民族走廊』之称，这里是四川降雨量最多的区域，素以雅雨、雅鱼、雅女『三雅』著称。

◎雅安拥有世界上最大规模的野生桂花林，也是国内最佳红叶观赏区之一。

◎雅安曾是茶马贸易的中心，在『茶马贸易』及藏茶的运输中发挥了重要作用。

◎藏茶是中国黑茶的鼻祖，是古茶类中收藏值最高的茶种。

◎藏茶属于典型的黑茶，是藏族的主要生活饮品，被称为藏族的民生之茶。

茶 叶张卷折成条，棕褐色。

汤 汤色红亮。

香 香气纯正。

味 滋味平和。

奇 经久耐泡，有老茶的香气，内质香气纯正。

乌龙茶

铁观音——美如观音重如铁

铁观音是乌龙茶的代表，亦是中国名茶之一。『铁观音』既是茶树品种名，也是茶名。『铁观音』茶树并不高大，但品质优秀、知名度高；而采用铁观音良种芽叶制成的乌龙茶也称铁观音。

安溪是中国乌龙茶的主产区之一，产茶历史悠久。安溪铁观音茶起源于清雍正年间，当时，茶农培育出不少优良茶树品种，其中以铁观音制茶品质最优。

铁观音的产地之一安溪县，是这样的一个地方：

◎安溪县以茶业闻名全中国，号称『中国茶都』。它是中国乌龙茶（名茶）之乡、铁观音发源地，自古就有『龙凤名区』『闽南茶都』之美誉。

◎安溪清水岩是国家4A级风景名胜旅游区，也是享誉海内外的旅游胜地，是令人神往的『蓬莱仙境』。

◎安溪文庙始建于北宋，现存建筑为清代所建，素有『八闽第一』『安溪文庙冠八闽』、『秀甲东南』之誉。

◎铁观音茶树天性娇弱，有『好喝不好栽』的说法，『铁观音』茶也因此更加名贵。

安溪铁观音属于半发酵的品种，综合了红茶发酵和绿茶不发酵的特点，其制作严谨，技艺精巧。铁观音一年分四季采制，采成熟新梢的2~3叶而并非采幼嫩的芽叶，俗称『开面采』，即叶片已全部展开，形成驻芽便可采摘。鲜叶力求完整，之后进行凉青、晒青和摇青，其中摇青技术要求高，是决定毛茶品质优劣的关键。最后还要经过筛分、拣剔等工艺，才能制成成茶。铁观音成品依发酵程度和制作工艺，大致可以分清香型、浓香型、陈香型等三大类型。

茶 茶条卷曲，肥壮圆结，沉重匀整，色泽砂绿，整体形状有的似蜻蜓头、螺旋体、青蛙腿。

汤 汤色金黄浓艳似琥珀。

香 有天然的兰花香。

味 滋味醇厚甘鲜，回甘悠久。

奇 茶香高而持久，常被人们称为『七泡有余香』，具有『音韵』。这种香气浓郁持久，有特殊的品种香，如天然花香、果香。这种乌龙茶茶香充满了清新、凉爽的味道，即是闽南『铁观音』为代表的乌龙茶之香。

乌龙茶

大红袍——茶中状元

武夷大红袍是中国乌龙茶中的极品，被誉为『茶中状元』。

大红袍生长于九龙窠、北斗峰、竹窠等地方，其中九龙窠悬崖之上的6株茶树最为正宗，据记载它们的树龄已逾340年。

◎武夷大红袍原产地九龙窠，位于武夷山东北部天心岩（峰）下天心庵（永乐禅寺）之西，山壁上有朱德题刻的三个朱红大字——『大红袍』。

◎九龙窠是一条通往天心岩的深长峡谷，俗名大坑口。可在出峡谷平旷之处的岩壁上看到凿满历代名人题咏武夷岩茶的摩崖石刻，其中包括范仲淹、朱熹等人的诗作。

武夷大红袍一般在每年春天开始采摘鲜叶，采摘标准为开面新梢的三四叶。制作全由手工完成，经晒青、凉青、做青、炒青、初揉、复炒、复揉、走水焙、簸拣、摊凉、拣剔、复焙、再簸拣、补火而成。

大红袍有不同的分类法，如根据产地不同，可分为正岩大红袍与丹岩大红袍；根据品质不同，可分为特级、一级和二级。

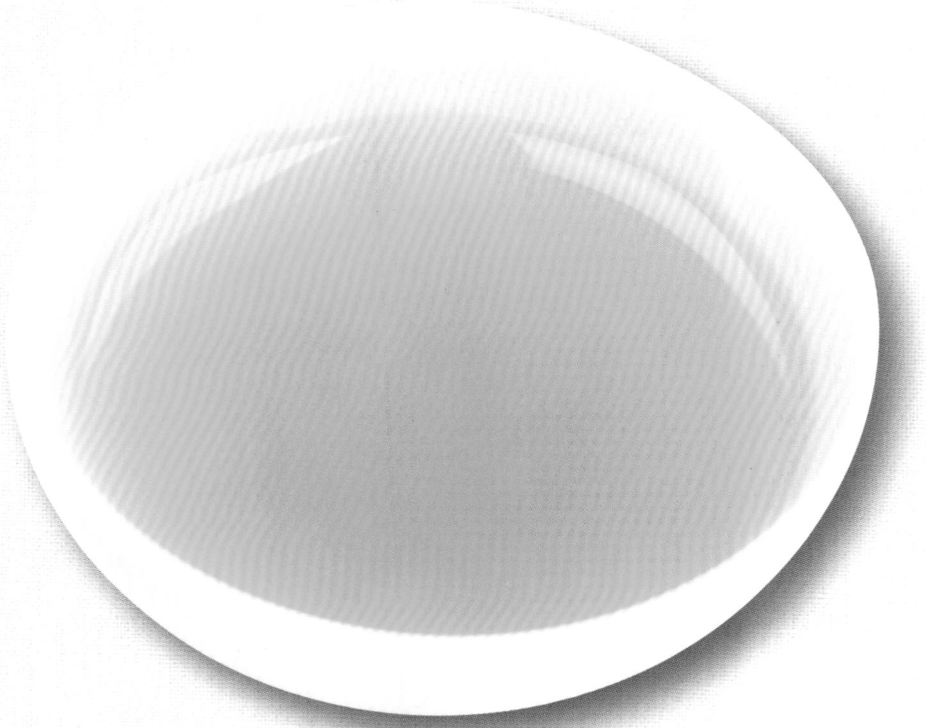

茶 外形条索紧结。

汤 汤色橙红明亮。

香 香气馥郁幽长，有兰花香。

味 茶汤滋味醇厚。

奇 香高而持久，『岩韵』明显。大红袍岩茶香气馥郁，胜似兰花而深沉持久，浓饮不苦不涩，味浓醇清活，有『岩骨花香』之誉。这就是以『大红袍』为代表的武夷岩茶的茶香，人们称之为『岩韵』。

冻顶乌龙——台湾『茶中之圣』

冻顶乌龙是台湾久负盛名的一种乌龙茶，在台湾有“茶中之圣”的美誉。它主产于台湾南投鹿谷乡的冻顶山。传说山上种茶，因终年云雾笼罩，空气湿度较大，山高路滑，上山的茶农必须绷紧脚尖（台湾俗称“冻脚尖”）才能爬上山顶，故称此山为“冻顶”，而茶叶则被称为“冻顶茶”。

冻顶乌龙茶的产地南投，是这样的一个地方：

◎南投是台湾唯一没有海岸线的县份。

◎闻名海内外的日月潭、台湾最高峰玉山、台湾最长河流浊水溪的源头都在南投境内。

◎南投特色菜有主题绍兴宴、鱼宴、花宴、梅宴等。

◎冻顶山海拔700多米，栽种的青心乌龙茶等良种茶树生长茂盛，为优质的冻顶乌龙茶奠定了物质基础。

◎南投鹿谷乡以茶叶生产为业，是台湾岛唯一依靠单一生产作物为经济来源的乡镇，品质广受认可。

冻顶乌龙一年四季均可采摘。3月下旬至5月下旬为春茶采期，5月下旬至8月下旬为夏茶采期，8月下旬至9月下旬为秋茶采期，而10月中旬至11月下旬则为冬茶采期。鲜叶采摘标准为未开展的一芽二三叶嫩梢，上午10时至下午2时为最佳采摘时间。采摘的鲜叶需经过晒青、凉青、浪青、炒青、揉捻、初烘、多次反复团揉、复烘、再焙火等工序，才能制成成茶。

茶 外形卷曲呈半球形，紧结弯曲，色泽墨绿油润。

汤 汤色略呈橙黄色。

香 发散桂花清香。

味 滋味甘醇浓厚，后韵回甘味强。

奇 冻顶乌龙茶有『清韵』，没有很强劲的香气味，是很含蓄的清香和甘甜，茶香带有明显的清香或花香，为台湾乌龙茶的代表。

乌龙茶

铁罗汉——非岩不茶

铁罗汉是中国名茶之一，因茶生长在无数奇峰、名岩的岩缝之中，岩岩有铁罗汉，所以铁罗汉以岩名，岩以铁罗汉显，故有此名。

铁罗汉主产于武夷山，现存的4株老树生长于天心岩下永乐禅寺之西的九龙窠，壁上还有朱德元帅题刻的『铁罗汉』三个字。早在唐朝时期，铁罗汉就是馈赠亲友的佳品。宋、元时期被列为『贡品』。清康熙年间远销国外，备受喜爱，曾被誉为『百病之药』。

铁罗汉的产地武夷山，是这样的一个地方：

◎武夷山坐落在福建省西北部，有『碧水丹山』『奇秀甲于东南』之誉。它是世界文化与自然遗产、国家5A级旅游景区。

◎武夷山是三教名山，历史上曾出现儒、道、佛三教长期并存的现象。

◎武夷山多悬崖绝壁，茶农利用岩凹、石隙、石缝，沿边砌筑石岸种茶，有『盆栽式』茶园之称。

◎武夷岩茶主要分为两个产区：名岩产区和丹岩产区。

◎铁罗汉的采制技术比较精细，制作过程全部由手工操作。茶叶于每年5月中旬开始采摘，鲜叶以二叶或三叶为主。后经晒青、凉青、做青、炒青、初揉、复炒、复揉、走水焙、簸拣、摊凉、拣剔、复焙、再簸拣等工序制成。

茶 条索粗壮、紧结、匀整，色泽绿褐、油润。

汤 汤色呈深橙黄色，清澈净透。

香 香气浓郁幽长，有天然花香。

味 茶汤滋味顺滑，爽口、回甘。

奇 有明显的『岩韵』特征。

白鸡冠——香气清锐，岩韵悠长

白鸡冠是武夷山四大名枞之一，因春季茶树的鲜叶绿中带白，春梢顶芽微弯，茸毛显露，外形酷似鸡冠而得名。

白鸡冠主要分布在福建省武夷山隐屏峰蝙蝠洞，在武夷山慧苑岩火焰峰下的外鬼洞也有此茶树。20世纪80年代，武夷山市开始扩大栽培。

◎隐屏峰位于武夷山九曲溪中段，登上九曲溪南的晚对峰，才能看到它的全貌。

◎峰底有明崇祯间兵部尚书熊明遇的大幅石刻《游武夷山记》。

◎白鸡冠最大的特点就是叶白，清大才子袁枚认为武夷山顶上之茶『以冲开色白者为上』。

◎白鸡冠产量和种植的面积都较少，栽培、制作都比较困难，年产量仅数百斤，非常的珍贵。

白鸡冠于每年4月下旬开始采摘，鲜叶采摘根据『小至中开面』的标准，以二叶或三叶为主，茶叶不宜偏嫩或偏老。之后经过晒青、反复数次摇青、高温锅炒、揉捻、干燥等工序制作而成。

茶 条索紧实，色泽绿中带白，叶色浓绿微褐。

汤 汤色橙黄明亮。

香 香气轻柔，稍带玉米香。

味 滋味醇厚爽口。

奇 嫩叶淡黄，香气清锐，岩韵悠长。

乌龙茶

水金龟——条索紧结，香气幽远

水金龟为武夷山四大名丛之一，属半发酵茶。因张开的枝叶互相交错似龟纹，再加上闪闪发光的绿叶，整体看起来就像一只趴着的大金龟，故而得名『水金龟』。

水金龟主要分布在武夷山上的慧苑坑、牛栏坑和大坑口上，这里的水金龟不仅产量最多，而且质量最佳。

◎慧苑坑也称为慧宛坑，三坑两涧中区域最大，在牛栏坑北侧平行线上，是武夷岩茶的重要产地。

◎慧苑岩下有一座名为『慧苑寺』的小寺庙，住持品茶水平极高，寺院的水引自山里，用此水泡茶别有韵味。

◎牛栏坑位于武夷山北，是一条呈东北、西南走向的幽谷，两旁危崖悬翠，茶园内以种植肉桂、水仙为主，平均丛龄二十几年。

水金龟一般于每年5月中旬采摘，鲜叶以二叶或三叶为主。之后经萎凋（日光萎凋）、揉捻、发酵、烘焙、复焙等工艺制作而成。茶兼具铁观音之甘醇、绿茶之清香，具有鲜活、甘醇、清雅与芳香等特色。

茶 条索紧结、弯曲、匀整，色泽青褐、润亮，呈『宝光』。

汤 汤色橙黄清澈艳丽，微有杂质。

香 香气内质蕴含梅花香，清细幽远。

味 滋味滑爽、柔和，岩韵很强。

奇 有梅花香，极具岩茶的『岩骨花香』。

黄金桂——未尝清甘味，先闻透天香

乌龙茶

黄金桂又名黄旦、透天香，是以黄旦品种茶树嫩梢制成的乌龙茶，因汤色金黄、有似桂花的奇香而得名，向来以『一闻香气而知黄旦』而著称。

黄金桂原产于福建省安溪县虎邱镇美庄村，茶叶主产区为虎邱镇的罗岩、大坪、金谷、剑斗等乡镇。在现有乌龙茶品种中，黄金桂是发芽最早的一种，茶香气很高，在产区有『清明茶』之称，有『一早二奇』之誉。

黄金桂的产地之一虎邱镇，是这样的一个地方：

◎虎邱镇位于安溪南部，处在『闽南金三角』中心地带，素以茶香、花香、烟香、佛香而名闻遐迩，是著名的山水茶乡。

◎虎邱是安溪铁观音、本山、黄金桂、毛蟹『四大名茶』的主产区域，是黄金桂和佛手的发源地，也是国家级茶树良种繁育基地。

◎虎邱钟灵毓秀，人才荟萃，较为知名的人有林朝阳、詹廷英、周石卿、陈秀梅等。

◎黄金桂是一种极易与空气中的水分发生作用的茶叶，如果保存不当，极易变质。造成变质的因素有温度、湿度、异味等。

黄金桂具有『一早二奇』的特征，『一早』指萌芽、采制、上市早，采摘时间一般比其他品种早十多天左右；『二奇』主要是指外形『黄、匀、细』，内质『香、奇、鲜』。

黄金桂一年可采四至五季，可分为春茶、夏茶、暑茶、秋茶和冬茶（又称冬片）。待新梢形成驻芽后，顶叶呈小开面或中开面时采下二、三叶，以午后2～4时为最佳时间。后经鲜叶、凉青、晒青、摇青、炒青、揉捻、初烘、包揉、复烘等工艺制作而成。

茶 条索紧细，体态较飘，色泽润亮，有光泽，具有青蒂绿腹红点的特点。

汤 汤色金黄明亮或浅黄明澈。

香 香气芬芳优雅，带桂花香。

味 滋味纯细甘鲜。

奇 有桂花的奇香。

乌龙茶

肉桂——奇种天然真味好

肉桂也称玉桂，因其香气滋味有似桂皮香，而习惯称『肉桂』。肉桂茶在武夷山是比较常见的茶，产量大，种植范围广。

肉桂茶园遍布武夷山的百花庄、马头岩、三仰峰、双狮戏球、天游、晒布岩、响声岩、九龙巢、竹巢等岩峰。现在已经扩大至福建北部、中部、南部乌龙茶产区。

◎肉桂最早发现于武夷山慧苑岩。

◎20世纪60年代初，肉桂茶树由武夷山市茶科所自水帘洞引种于武夷天游，至80年代后期茶园遍布。

◎据《崇安县新志》记载，在清代就有肉桂茶这一名称出现。

◎肉桂茶曾获奖无数，其中1982年和1986年两次荣获『全国名茶』称号，1994年在蒙古国乌兰巴托国际博览会上荣获金奖等。现已出口港澳、东南亚、日本、英国等国家和地区。

肉桂茶采摘标准为3~4叶，以上午10时至下午3时为最佳采摘时间。在大生产中，出于采摘及时的考虑，一般前期采少量小开面，中期采大量中开面，后期采少量大开面。武夷肉桂茶制作上仍沿用传统的手工做法，鲜叶经萎凋、做青、杀青、揉捻、烘焙等十几道工序制作成茶。

茶 条索紧细、重实，色泽乌黑带砂绿，油润有光。

汤 汤色橙红。

香 香气馥郁。

味 滋味浓烈甘醇、优雅。

奇 冲泡六七次仍有『岩韵』的肉桂香。

乌龙茶

永春佛手——绵绵幽香沁心腑

永春佛手茶树又名香橼种、雪梨，因其叶片和佛手柑的叶子极为相似，且制出的干毛茶在冲泡后会散发出如佛手柑一般的奇香，故而得名。

永春佛手茶主产于福建永春苏坑、玉斗和桂洋等乡镇。茶树一般生长于海拔600～900米的高山处，当地气候较温和，湿润多雨，为永春佛手提供了极佳的生态环境。

永春佛手的产地之一永春，是这样的一个地方：

◎永春位于福建省东南部、晋江东溪上游，是福建著名侨乡，是国务院首批开放县之一，是『中国芦柑之乡』『中国纸织画之乡』。

◎永春是全国三大乌龙茶出口基地县之一，盛产的永春佛手、水仙、铁观音均是乌龙茶极品。

◎永春下洋镇境内的牛姆林是闽南地区保留最完好、最具特色的原始森林群体，被誉为『闽南的西双版纳』。

◎永春名人有：余光中、余承尧、留从效、吴作栋、梁灵光等。

◎永春白鹤拳是一个具有多项内容的优秀拳种，是中华武术瑰宝之一。

◎佛手茶在闽、粤、港、澳、台及东南亚等地的侨胞中知名度较高，并屡获殊荣。如第三届中国农业博览会金奖。2007年荣获『中国申奥第一茶』的称号。

佛手茶树品种有红芽佛手与绿芽佛手两种，一般以春芽颜色区分，以红芽为佳。鲜叶一般在3月下旬萌芽，4月中旬开采，分春夏秋冬四季采摘。鲜叶经凉青、晒青、摊凉、摇青、杀青、揉捻、初烘、初包揉、复烘、定型、烘干等工序精心制作成茶。

茶 外形紧结肥壮、卷曲，色泽砂绿乌润。

汤 汤色橙黄清澈。

香 香气馥郁幽芳。

味 滋味芳醇甘厚。

奇 有如佛手柑一般的奇香。

乌龙茶

白毫乌龙——东方美人

白毫乌龙又名东方美人、福寿茶、膨风茶等，是乌龙茶中发酵程度比较重的一类茶叶。叶底青蒂绿叶红边，叶腹黄亮，素有『绿叶红镶边』之称。相传白毫乌龙茶的名字的来由还与英国女王有关，当时的英国商人将白毫乌龙献给女王品尝，女王非常喜欢，觉得其外表喜人，且茶叶产于东方，因此命名为东方美人。

白毫乌龙主要产于台湾北部，文山、南港、新竹的峨眉乡、北埔乡、横山乡、苗栗的头屋等，以文山区的坪林为最佳，非常珍贵，可以说是全世界平均单价最昂贵的特色茶。苗栗县所产的白毫乌龙，以『福寿茶』之名打牌子，新竹则称之为『东方美人』。因成品茶显白毫，在乌龙茶中极少见，故此又称『白毫乌龙』。

白毫乌龙的产地之一坪林，是这样的一个地方：

◎坪林是台湾北部高品质茶叶产区，层层叠叠的山峦中散布着大大小小的茶园，满眼茶山风光。

◎坪林有一座现代化的茶业博物馆，建筑为闽南安溪风格的四合院。馆内有雅致的茶馆。

◎在台湾素有『北包种，南乌龙』的说法，坪林就是台湾盛产包种茶的茶乡。包种茶有『露凝香』『雾凝春』的美誉。

◎坪林老街以茶为特色。老街两旁分布着许多商铺，其中有好几家是因茶获奖的店家。

白毫乌龙茶有着许多与众不同的特征。一是它的采茶时间不像其他茶叶那样在春季，它只在夏季采摘，即端午节前后10天；二是其茶菁必须让小绿叶蝉叮咬吸食，这样才能用来制作茶叶，而小绿叶蝉的叮咬程度是决定茶叶好坏的标准，同时也是茶叶醇厚果香蜜味的来源；三是整个工序由手工完成，采摘时只取『一心二叶』；四是品种，其茶树品种为台湾茶农精心选育的青心大冇，品质优秀。

按品质，白毫乌龙茶可分为大、小凸风茶两类。大凸风茶白毫多，茶汤味浓香高，又称上凸风茶；小凸风茶白毫较少，味较淡，香较低，又称下凸风茶。

茶 外形自然卷缩，宛如花朵，芽苞肥大，茸毛明显，颜色鲜艳，有红、白、黄、褐、绿五色相间，色泽油润。

汤 色金黄红艳。

香 带有熟果香和蜜香。

味 滋味浓厚甘醇，不苦不涩。

奇 叶底肥嫩，镶有红边，以外貌博得女王倾心，由此名扬海外。

凤凰单枞——天然花香，高锐清透

凤凰单枞是中国名茶中的珍品。单枞茶是在凤凰水仙群体品种中选拔优良单株茶树，经培育、采摘、加工而成。其品种相当多，有宋种“东方红”宋种芝兰香、八仙过海单枞、桂花香单枞等。

凤凰单枞茶原产于广东省潮州市凤凰镇凤凰山，茶树主要分布在乌崇山、乌譬山、竹竿山、大质山、万峰山、双譬山等海拔500米以上的潮州东北部地区。

凤凰单枞的产地凤凰镇，是这样的一个地方：

◎凤凰镇地处广东省潮安县北部山区，拥有悠久的茶叶种植历史，是驰名中外的名茶产区，被称为中国“乌龙茶”之乡。

◎凤凰镇是著名的侨乡，明清时期就已有人到海外谋生。

◎凤凰山有“潮汕屋脊”之称，是粤东地区的第二高峰。凤凰山上有一片古茶林，生长着3000多株200～400年茶龄的古茶树，形成了独特的旅游景观。

◎凤凰茶区现存最古老的一株茶树名叫“大叶香”，其茎粗34厘米，已有600多年的树龄，生长在海拔约1150米乌崇李仔坪村。

单枞茶鲜叶采摘旺季在清明至谷雨期间，大部分老名枞茶都在这一时期采摘。一般最先从特早熟种的白叶单枞开始，在春分即3月20日前后陆续开采。而清明即4月4日前后是肉桂香单枞、金玉兰等开采的时间。采摘后，鲜叶经晒青、晾青、做青、杀青、揉捻、烘焙等工序方能制成茶。

茶 条索较挺直、匀整，呈条形，肥硕油润，色泽乌润略带红边。

汤 汤色橙黄，清澈明亮。

香 有优雅清高的天然花香，香气足。

味 滋味浓郁甘醇、爽口。

奇 冲泡清香持久，有独特的花香。

祁门工夫红茶——世界三大高香茶之首

祁门工夫红茶是我国传统工夫红茶的珍品，简称祁红，因有特殊的芳香，被称为“祁门香”“王子香”或“群芳最”。在国际市场上与印度大吉岭、斯里兰卡乌伐红茶并称为世界三大高香名茶，为世界三大高香茶之首。

祁门工夫红茶主产于安徽祁门，周边的石台、东至、黟县及贵池等地也有少量生产。品质以祁门历口、平里、闪里一带最优。祁门工夫红茶享誉国际市场，曾获得过巴拿马万国博览会金质奖章、国家优质食品金质奖、全国优质名茶等奖励。

祁门工夫红茶的产地之一祁门，是这样的一个地方：

◎祁门地处黄山西麓，是一个“九山半水半分田”的地方，也是安徽的南大门，属古徽州“一府六县”之一。

◎祁门茶叶生产历史悠久，早在唐代就有十分繁盛的茶市，是“中国红茶之乡”。

◎祁门县闪里镇的磻溪是千年古村落。

◎祁门主要特产有黑木耳、徽菇（十大名菇之首）、石耳、猕猴桃、祁术（白术之最）。

◎祁门红茶等五种安徽名茶被中国茶叶博物馆作为国礼名茶正式永久收藏。

祁红工夫茶采摘时间一般在春夏两季，秋茶少采或不采。采摘标准较为严格，采摘以一芽二三叶为主。经过萎凋、揉捻、发酵、毛筛、抖筛、分筛、紧门、撩筛、切断、风选、拣剔、补火、清风等工艺制作而成。

茶 外形条索紧细匀整，锋苗秀丽，色泽乌润。

汤 汤色红艳明亮。

香 蕴含着玫瑰花香，香气馥郁持久。

味 滋味甘鲜醇厚。

奇 色有『宝光』，香气浓郁，有似玫瑰花的香味。

红茶

滇红工夫茶——花果香浓

滇红工夫茶又称滇红条茶，为大叶种类型的工夫茶。因芽叶肥壮、金毫显露及香高味浓的品质而著称于世。

滇红工夫茶主要分布在云南澜沧江沿岸的临沧、保山、普洱、西双版纳、德宏、红河等地，是我国工夫红茶的后起之秀，香气以滇西云县、凤庆、昌宁为佳，尤以云县部分茶区所出为最好。

滇红工夫茶的产地之一临沧，是这样的一个地方：

◎临沧位于云南西南，澜沧江畔，全市有沧源、耿马、镇康三县与缅甸接壤，是中缅交通线上的重要节点。因四季如春，又有『亚洲恒温城』之美称。

◎临沧是世界著名的『滇红』之乡，是世界种茶的原生地之一。

◎临沧有迄今为止保存最为完好的世界上最大的古茶树群，还有迄今为止所发现的世界上最古老、最大的古茶树王。

◎临沧是中国佤文化的荟萃之地，境内的阿佤山有中国八大古崖画之一的沧源崖画。

◎临沧凤庆县是『滇红』发源地，茶文化悠深古远，闻名海内外。

滇红工夫茶的品质因采制时期不同而呈季节性变化，一般春茶比夏、秋茶好。采摘时，一般选取一芽二三叶的芽叶作为原料，后经萎凋、揉捻、发酵、干燥等工艺而制成。滇红工夫茶中，品质最优的是『滇红特级礼茶』。

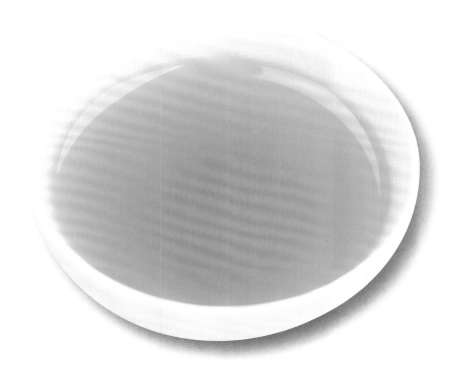

茶 条索紧直肥壮，苗锋秀丽完整，金毫多而显露，色泽油润。

汤 汤色红浓透明，金圈显。

香 香气高纯持久。

味 滋味浓厚鲜爽。

奇 金毫显露、香高味浓。

坦洋工夫红茶——红衣佳人

坦洋工夫红茶历史悠久，是我国特有的传统产品，以优美的外形、醇厚的滋味、独特的制作工艺而驰名，享有『红衣佳人』的美誉。作为福建省三大工夫红茶之一，曾以产地分布最广，产量、出口量最多而名列『闽红』之首。

坦洋工夫红茶最初主要分布在福安市坦洋村，现分布范围较广，主要产于福建省福安、柘荣、寿宁、周宁、霞浦及屏南北部等地区。

坦洋工夫红茶的产地之一福安，是这样的一个地方：

◎福安位于福建东北部沿海，三面环山，是全国畲族人口最为集中的县级市。

◎坦洋村是驰名中外的『坦洋工夫』红茶的发祥地，是一个有着悠久种茶和制茶历史的村庄。

◎福安白云山世界地质公园是国家级风景名胜区，于2010年被列入世界地质公园，是人们旅游避暑的好去处。

坦洋工夫红茶选用国家级优良茶树品种坦洋菜茶芽叶为原料，采用传统工艺制作而成。采摘时选取一芽一叶或一芽二叶的完整鲜叶，后经自然萎凋、手工揉捻、室内发酵、炭火烘焙等工艺制作而成。

坦洋工夫红茶可清饮，也可调成柠檬茶、奶茶、玫瑰红茶、冰红茶，还可以用浓香型的高度醇酒调配成奶酒茶。

茶　条索细长匀整，芽毫金黄，色泽乌黑油润，有光泽。

汤　汤色清澈明亮，呈金黄色。

香　香气浓郁，有桂花香。

味　滋味清鲜甜和、爽口。

奇　有『红衣佳人』之美誉。

红茶

正山小种——茶汤胜似人参汤

正山小种红茶又称拉普山小种，为红茶之祖。它是中国生产的一种红茶，曾被西方视为中国茶的象征。

正山小种主产地在福建省武夷山市（即原崇安县），产地以桐木关为中心，武夷山、建阳、光泽三县市交界处的高地茶园也有生产。

正山小种红茶的产地之一武夷山市，是这样的一个地方：

◎武夷山市桐木关村是『正山小种发源地』，正山小种红茶在17世纪就漂洋过海，走进欧洲市场，成为英国皇家的贡品。

◎桐木关位于福建省的北部，桐木关断裂带是我国著名断裂带之一。

◎桐木关是武夷山国家级自然保护区的核心地带，为武夷山八大雄关之一，拥有『鸟的天堂』『蛇的王国』『昆虫的世界』『开启物种生物基因库钥匙』等美誉。

◎正山小种红茶是最古老的红茶之一，后来在正山小种的基础上发展了工夫红茶。

◎正山小种红茶非常适合与咖喱和肉菜搭配饮用。

正山小种的采摘时间一般在5月上、中旬，制作工序分为初制和精制两个部分。初制阶段分为采摘、萎凋、揉捻、发酵、复揉、熏焙、复火、毛茶等；精制工艺有定级分堆、毛茶大堆、筛分、发酵、风选、拣制、烘焙、匀堆、装箱、成品。

茶 条索肥壮，紧结圆直，色泽乌润。

汤 汤色红亮。

香 有强烈的桂圆汤味，香气具有浓郁的松烟香。

味 滋味醇厚。

奇 有着非常浓烈的松烟香味。

红碎茶——红艳鲜香味浓爽

红碎茶是国际市场上销售量最大的茶类，我国红碎茶初制始于1958年，现各种制法的红碎茶均有生产。

红碎茶主产区为云南、海南、广东、广西、四川、贵州等省区，以云南、海南、两广的产品质量最好。

◎红碎茶是国际市场贸易的主要品种，也是最大宗的消费茶品。

◎国外红碎茶的生产主要集中在印度、斯里兰卡和肯尼亚，其产量的总和占世界红碎茶总产量的一半以上。

◎印度是红碎茶生产和出口最多的国家。

◎红碎茶可直接冲泡，也可包成袋泡茶后连袋冲泡，然后加糖加乳，饮用十分方便。

红碎茶是采用大叶种茶树新梢的芽、叶、嫩茎，经过萎凋、揉切、发酵、烘干和整形归类加工工艺制成的茶叶产品，分叶茶、片茶、碎茶、末茶四种花色规格。按品质又分为『花橙黄白毫』和『橙黄白毫』两个花色。

茶 外形紧结重实，呈颗粒状，色泽乌润。

汤 汤色红艳。

香 香味鲜爽。

味 香味鲜浓，有刺激性。

奇 内质香气，香高持久。

宜红工夫茶——红茶中的高品

宜红工夫茶简称“宜红”，创始于16世纪末，是我国高品质的工夫红茶之一。最早销往俄国、英国，1886年前后大量出口，享有较高的国际声誉。

宜红工夫茶产于湖北西山区宜昌、恩施两地区，邻近的湘西北石门、桑植、慈利等地亦有部分生产。而宜昌五峰的水浕司则是宜红工夫茶的最核心产区。

宜红工夫茶的产地之一宜昌，是这样的一个地方：

◎宜昌位于湖北省西部，拥有“三峡明珠”“中国动力心脏”和“世界水电之都”的美誉，也是中华鲟的主要栖息地。

◎湖北宜昌地区是我国古老的茶区之一，茶圣陆羽曾在《茶经》中把宜昌地区的茶叶列为山南茶之首。

◎三峡大坝位于三峡西陵峡内的宜昌市夷陵区三斗坪，是世界上规模最大的水电站，也是世界上有史以来建设的最大的水坝。

◎宜昌著名特产有五峰名茶、百里洲沙梨、宜昌柑橘。

宜红茶制选分为初制和精制两个程序。初制程序包括鲜叶、萎凋、揉捻、发酵、干燥。精制程序分为筛分、拣剔、成品3个工序，这3个工序又包括了毛筛、抖筛、分筛、紧门、机械拣剔、手工拣剔、补火、并堆、装箱等更细的工艺，非常复杂。

茶 条索紧结，显锋露毫，色泽乌润。

汤 汤色红亮。

香 香气鲜纯持久。

味 滋味浓爽。

奇 汤色红亮，有『冷后浑』的现象。

西湖龙井茶——色绿香郁，味甘形美

绿茶

西湖龙井茶是典型的扁炒青绿茶。其色泽翠绿，外形扁平光滑，以“色绿、香郁、味甘、形美”四绝之说闻名。

西湖龙井茶主要是指西湖山区所产的扁形茶。

◎西湖位于浙江省杭州市西部，是中国最著名的观赏性淡水湖泊，也是中国首批国家重点风景名胜区，已被列入世界遗产名录。

◎龙井村因盛产顶级西湖龙井茶而闻名于世，被誉为“茶乡第一村”。

◎西湖龙井茶历史悠久，明代被列为上品，清顺治列为贡品。清乾隆游览杭州西湖时，盛赞龙井茶，并把狮峰山下胡公庙前的十八棵茶树封为“御茶”。

◎西湖龙井茶在历史上曾分为“狮、龙、云、虎、梅”五个品类，其中多认为以产于狮峰的品质为最佳。狮峰茶因高香持久的特点被誉为“龙井之巅”。

◎每年三月底、四月初，在西湖龙井茶乡会举行 “开茶节”，这个节日已被选为“浙江省最具影响力十大农事节庆”。

西湖龙井茶采摘要求严格，要采一芽一叶或一芽二叶初展。制作工艺也相当讲究，有抖、挺、扣、抓、压、磨、搭、捺、拓、甩等十大炒制手法。

目前，按地理标志产品保护规定龙井茶可分为西湖龙井、钱塘龙井、越州龙井等。品质最好的是西湖龙井，而西湖龙井中品质最好的是狮峰龙井。

茶 外形扁平、光滑、挺直，色泽翠绿。

汤 茶汤颜色呈嫩绿或黄绿色、明亮，也有水质比较硬的地区（如北方）茶汤色较浅，呈浅绿黄色。

香 香气浓郁。

味 茶汤的滋味甘醇爽口。

奇 口感鲜醇、叶色嫩绿。有很浓郁的『豆花香』，品后犹如黄豆经慢火轻炒后散发出来的淡淡清香。

绿茶

洞庭碧螺春——一嫩三鲜香百里

洞庭碧螺春是中国十大名茶之一，因色泽翠碧诱人、卷曲成螺而得名，素有『一嫩三鲜』之称。一嫩指芽叶幼嫩，三鲜为香气鲜爽、味道鲜醇、汤色鲜明。

洞庭碧螺春主产地是江苏省苏州市太湖里的洞庭山，所以又有『洞庭碧螺春』之称。

◎洞庭碧螺春的产地洞庭山，是这样的一个地方：

◎洞庭山位于太湖之中，有东、西两山，东山是宛如一个巨舟伸进太湖的半岛，洞庭西山则是一个屹立在湖中的岛屿。

◎洞庭山的茶树习惯栽种在枇杷、杨梅、板栗和柑橘等果树周围，茶树、果树相间种植，是碧螺春茶拥有天然花香果味的重要原因。

◎东山是名副其实的花果山、渔米乡，其特产除我国『十大名茶』之一的『碧螺春茶』外，还有声名久远的白沙枇杷，洞庭红桔、太湖莼菜和太湖三宝等。

洞庭碧螺春的采摘非常讲究，一般要摘得早、采得嫩、拣得净。洞庭碧螺春一般在每年春分前后开采，谷雨前后结束，通常采一芽一叶初展，芽长在1.6～2厘米的鲜叶，采回的芽叶再经精心挑拣，所选茶叶保持芽叶匀整一致。之后采用手工方法炒制，经杀青、炒揉、搓团、培干等工艺制作而成。

茶 外形卷曲如螺，白毫显露。

汤 汤色嫩绿明亮。

香 香浓芬芳，经久不散。

味 茶汤滋味醇厚，鲜爽。

奇 冲泡后叶底嫩绿明亮，可欣赏到犹如雪浪喷珠、春染杯底、绿满晶宫的奇观。

绿茶

黄山毛峰——名山美景出好茶

黄山毛峰是中国十大名茶之一，因其，芽尖似山峰且鲜叶采自高峰而取名『毛峰』，又因主产地为黄山，故有『黄山毛峰』之名。

黄山毛峰产于安徽省歙县黄山。

◎黄山毛峰分特级和一、二、三级，采摘标准有所区别。特级为一芽一叶初展，一级为一芽一叶开展和一芽二叶初展，二级为一芽二叶开展和一芽三叶初展，三级为开展的一芽一叶、二叶、三叶。采摘回的鲜茶，需进行严格拣选，剔去老叶、茎之后，摊晾，再进行加工。加工采取烘青绿茶的制法，要经过杀青、揉捻、烘焙三道工序制成。

黄山毛峰的产地之一歙县，是这样的一个地方：

◎歙县是国家历史文化名城，与四川阆中、云南丽江、山西平遥并称为『中国保存最为完好的四大古城』。

◎早在宋代时，黄山产茶即有『早春、英华』之称。

歙县物产丰富，其中最有名的当属文房四宝中的歙砚、徽墨。歙县名茶和贡菊被列为国家珍贵礼品，还有著名的三潭枇杷、富岱杨梅、徽州雪梨、三口蜜橘、三阳山核桃等。

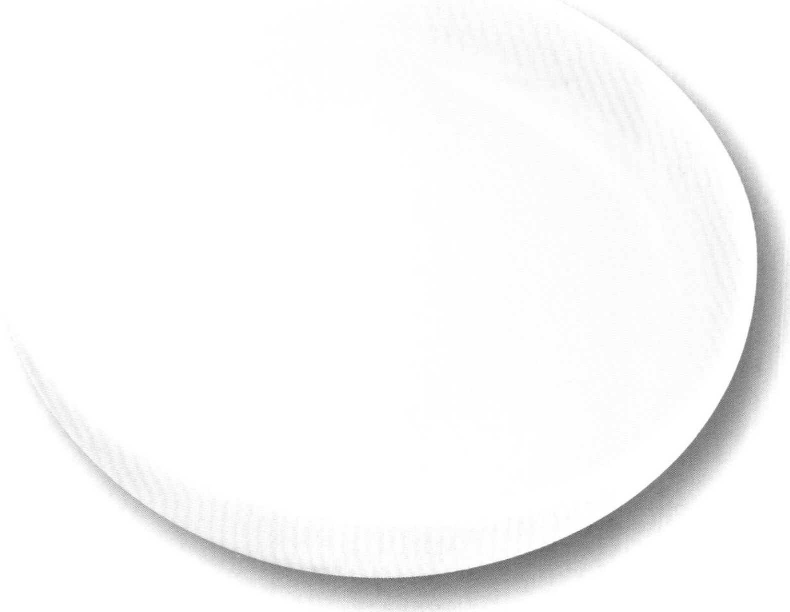

茶 黄山毛峰外形肥壮，状似雀舌，绿中泛黄，银毫显露，且带有金黄片。

汤 汤色嫩绿清澈明亮。

香 香气嫩香馥郁。

味 滋味鲜爽醇甘。

奇 具有『鱼叶金黄』和『色如象牙』的独特外形。

绿茶

竹叶青——酷似竹叶两头尖

竹叶青又名青叶甘露，因外形扁平，两头尖细，形似竹叶而得名。其清醇、淡雅的风格有口皆碑。

竹叶青主产于四川省海拔800～1200米的峨眉山上，山腰的万年寺、清音阁、白龙洞、黑水寺一带都是盛产竹叶青茶的好地方。

竹叶青的产地峨眉山，是这样的一个地方：

◎峨眉山是中国佛教四大名山之一，最高峰为万佛顶，有『秀甲天下』之美誉。

◎峨眉山山门上『天下名山』四个大字是郭沫若所写。

◎峨眉山最佳旅游季节为春秋两季，5月至6月可在万佛顶赏杜鹃，10月可赏红叶。

◎峨眉山土特产品有中药峨参、虫白蜡、『独蒜』、黄柏等。

◎峨眉名茶竹叶青是在总结峨眉山万年寺僧人长期种茶制茶的基础上发展而成的。

◎竹叶青鲜叶的采摘十分讲究，一般在清明前3～5天开采，标准为一芽一叶或一芽一叶初展，鲜叶十分细嫩，大小匀称。适当摊放后，经高温杀青、三炒三凉，采用抖、抓、撇、压等工艺，一次炒制成形。

茶 外形扁直平滑，两头尖细。

汤 茶汤黄绿明亮。

香 清香持久。

味 滋味浓醇。

奇 茶叶扁平挺直似竹叶，冲泡后，茶芽个个倒立于杯中，观赏性极高。

绿茶

安吉白茶——形如凤羽色如霜

安吉白茶分为龙形和凤形两类。它不同于前面所说的白毫银针、白牡丹等白茶，而是用绿茶加工工艺制成的一种白茶，其白色源于加工原料——一种嫩叶全为白色的茶树。

安吉白茶产于浙江省西北部的安吉县，茶树都生长在有竹林或邻近竹林的地方，茶叶有一种与众不同的香气。白茶在唐宋时就有所记载但后来消失灭绝，自1982年人们在安吉发现一株白茶古茶树后，白茶才重现人间，并推广开来，成为极品名茶。

安吉白茶的产地安吉，是这样的一个地方：

◎安吉位于浙江省西北部、西苕溪流域，是湖州市下辖的一个县，以产竹闻名，有『中国竹乡』之称。

◎安吉境内有亚洲第一的天荒坪抽水蓄能电站。

◎安吉还有丰富的土特产，如笋干、板栗、山核桃、白茶、白果、竹叶黄酮。

◎安吉竹海是奥斯卡获奖电影《卧虎藏龙》林间戏的拍摄地。

◎『天下银坑』景区以中国竹乡万顷竹海为背景，《夜宴》《越王勾践》等影视作品曾在此拍摄。

安吉白茶茶树的茶芽颜色会随着时令发生变化，清明前的嫩叶是灰白色的；在谷雨前，多数呈玉白色；到了谷雨，嫩叶会逐渐变为全绿。根据品级不同，茶叶采摘标准不同，一般为一芽一叶初展至一芽三叶不等，高品级者芽长于叶。鲜叶采用绿茶的制作方法，经过四五个小时的摊放，按照一定的温度和时间进行杀青，之后整形理条、干燥即可。安吉白茶需在特定的白化期内采摘、加工，所以茶叶经冲泡后，其叶底也呈现玉白色。

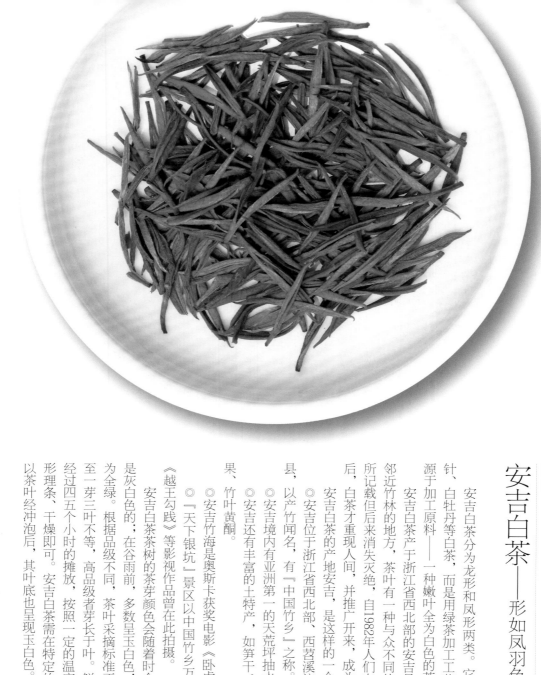

茶 外形细秀，形如龙凤，色如玉霜，光亮。

汤 汤色鹅黄，清澈明亮。

香 香气嫩香馥郁。

味 滋味鲜爽甘醇。

奇 含有板栗香或豆花香。

恩施玉露——茶绿汤绿叶底绿

绿茶

恩施玉露是我国传统名茶，因茶香鲜味爽，毫白如玉，格外显露而得名。它是中国保留下来的为数不多的一种蒸青绿茶。

恩施玉露主产于湖北恩施南部的芭蕉乡及东郊五峰山，以其别具一格的品质特色，赢得世人赞赏，深受国人及东南亚一带的厚爱。

恩施玉露的产地恩施，是这样的一个地方：

◎恩施位于湖北省西南部，清江中上游，是国家园林城市，湖北省九大历史文化名城之一。

◎恩施产茶，历史悠久。远在宋代，这里已有茶叶生产。恩施玉露之创作，相传始于清康熙年间。

◎五峰山因五座山峰如珠相连而得名，山顶有清代建成的连珠塔。爬山登塔，在塔周围乘凉品尝恩施玉露，别有一番情趣。

◎恩施旅游资源独具特色，有著名旅游景点——神农溪、神州第一漂——清江闯滩、世界特级溶洞——腾龙洞、土家第一寨——鱼木寨、荆楚第一石林——梭布垭石林。

◎恩施特产西兰卡普、高山云雾茶、宜红茶等。

恩施玉露采制严格，一般选用叶色浓绿的一芽一叶或一芽二叶鲜叶，芽叶须细嫩、匀齐。传统加工工艺分蒸青、扇凉、炒头毛火、揉捻、炒二毛火、整形上光、烘焙、拣选等工序。

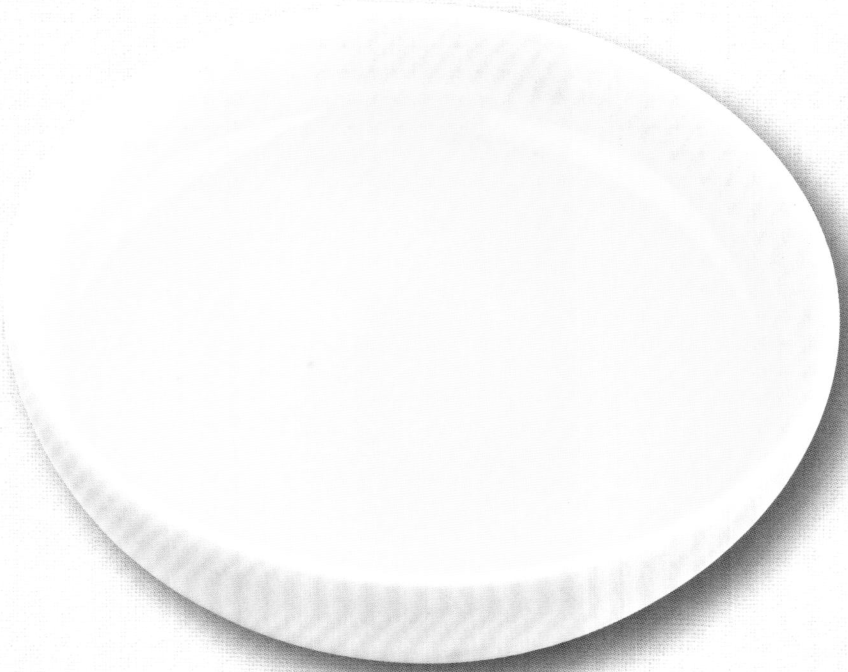

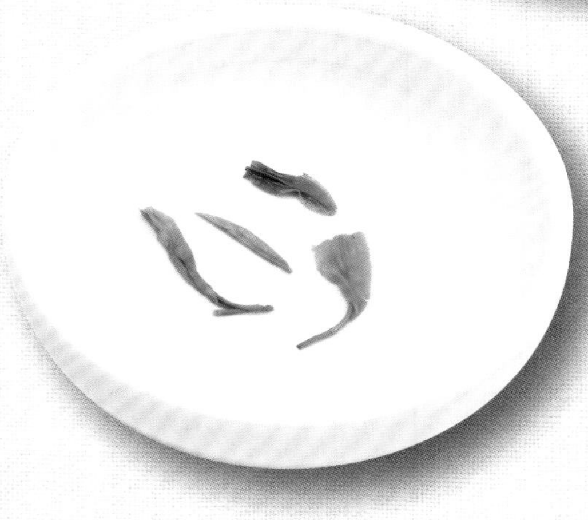

茶 条索紧圆、光滑，色泽绿润，就如同松针一样。

汤 汤色清澈明亮。

香 香气清香。

味 滋味醇爽。

奇 茶绿、汤绿、叶底绿。

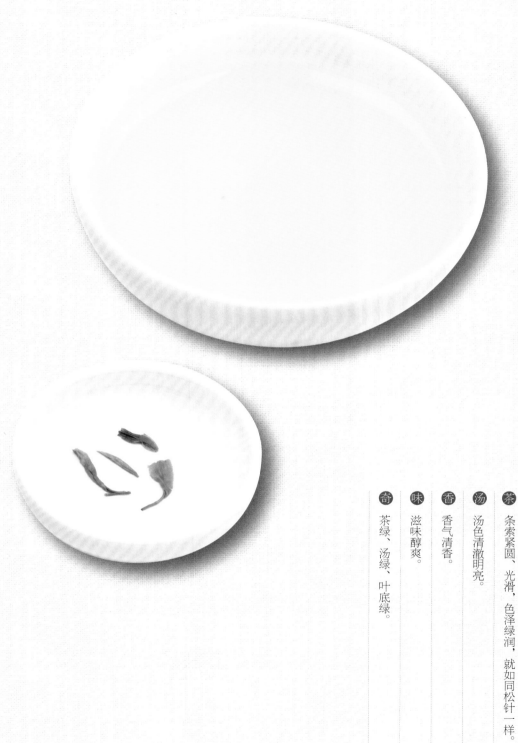

太平猴魁——两头尖，不散不翘不卷边

绿茶

太平猴魁是中国历史名茶，尖茶之王。其外形两叶抱芽，扁平挺直，自然舒展，白毫隐伏，又有“猴魁两头尖，不散不翘不卷边”之称。

太平猴魁产于安徽省黄山市黄山区，主产区位于新明乡三门村的猴坑、猴岗、颜家，尤以产自猴坑附近的茶叶品质最佳。

太平猴魁的产地黄山市黄山区，是这样的一个地方：

◎新明乡是太平猴魁原产地核心产区，樵山香榧享有“贡榧”之称，还盛产“文房四宝”之一的宣纸。

◎新明乡地处黄山区东北部，太平湖上游，不仅有名茶“猴魁之乡”的美誉，还是革命老区。

太平猴魁的采摘时间非常短，从茶叶长出一芽三叶或四叶时开始，立夏前停止。采摘时对天气也有要求，一般选择在晴天或阴天的午前，午后拣尖。将所采的一芽三、四叶从第二叶茎部折断，一芽二叶（第二叶开面）俗称“尖头”。之后进行摊放、杀青、毛烘、足烘、复焙五道工序，上好的太平猴魁便制成了。

太平猴魁按品质来区分，分为极品、特级、一级、二级、三级等共五个级别。存放时间越久的太平猴魁茶味就会越淡，一般建议保存时间最好在两年之内。

茶 外形扁平挺直、魁伟重实，白毫隐伏，叶裹顶芽，顶尖尾梢形成两头尖细。

汤 茶汤绿嫩、明亮。

香 其香气高爽，蕴有诱人的兰香。

味 滋味鲜爽醇厚回甘，有『猴韵』。

奇 芽叶成朵肥壮，舒展如含苞欲放的白兰花。

绿茶

六安瓜片——形美色绿，香浓味醇

六安瓜片又称片茶，以其形美、色绿、香浓、味醇而称誉于世。因其外形若瓜子，又于安徽西部大别山的六安市故而被称为『六安瓜片』。

裕安区石婆店镇所产的六安瓜片茶在形、色、味、香方面均堪称一绝，是六安瓜片茶的核心生产区。

六安瓜片的产地六安，是这样的一个地方：

◎六安市位于安徽省西部，是大别山区域的中心城市。

◎六安英才辈出，古有皋陶、汉有文翁、三国有周瑜、宋有李公麟、明有喻本元和喻本亨、清有孙家鼐，近现代有柏文蔚、孙立人、蒋光慈等。

◎迎驾贡酒、华玉泉酒、龙津啤酒为安徽三大名酒，特产有八公山豆腐、顶山奇竹、舒城贡席等。

◎石婆店镇是六安市西侧的一个小镇，素有『大别山门户』之称。

◎『六安瓜片』具有悠久的历史底蕴和丰厚的文化内涵。早在唐代，《茶经》就有『庐州六安（茶）』之记载。

六安瓜片在『谷雨』前后十天采摘，鲜叶须长到『开面』时才可以。制作『六安瓜片』的茶树，必须是当地自古以来的『小叶种』，否则就变形走味了。茶叶一般早上采，采摘标准以一芽二、三叶为主，下午『板片』『去梗』『去芽』，只留下单片的嫩叶，以『片』取胜。随后用熟锅、毛火、小火、老火五道工序烘制而成。

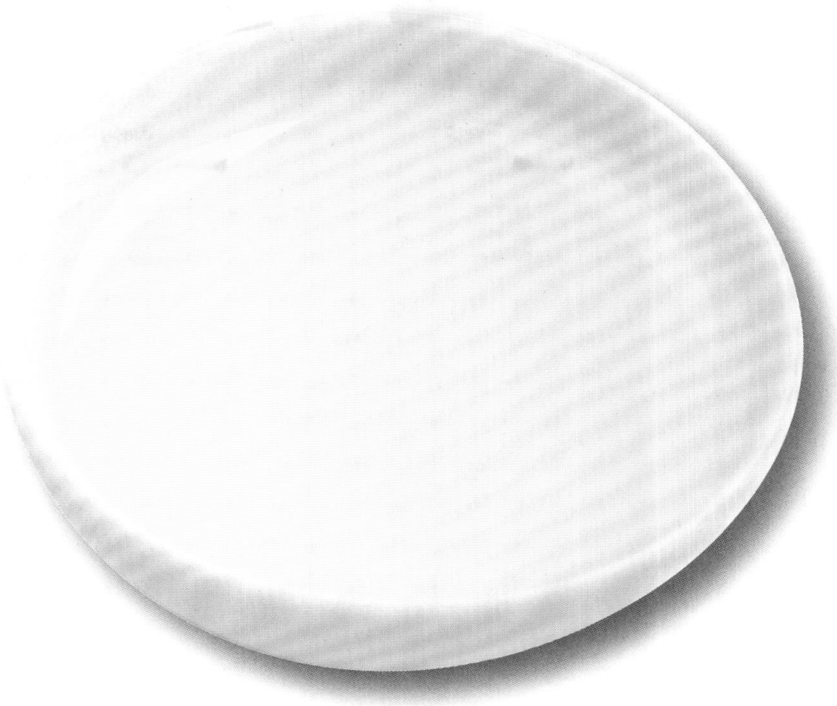

茶 外形卷直、匀整，肥壮，色泽宝绿。

汤 茶汤翠绿，清澈、明亮。

香 香气清高。

味 滋味鲜醇，回味甘美。

奇 没有芽尖茶梗的茶，只有茶叶叶片。

信阳毛尖——原料细嫩制工精

绿茶

信阳毛尖又叫“豫毛峰”，为中国十大名茶之一。因白毫显露而得名“毛尖”，又因产地在信阳而取名“信阳毛尖”。其以原料细嫩、制工精巧、形美、内质香高、耐泡、味长而闻名。

信阳毛尖的主产区主要集中在浉河港乡和董家河乡境内，俗称“五云两潭一寨”，即车云、集云、云雾、天云、连云，黑龙潭、白龙潭、震雷山，何家寨、灵山寺这些地方。

信阳毛尖的产地信阳市，是这样的一个地方：

◎信阳位于河南省最南部，为三省通衢，素有“江南北国，北国江南”之美誉，是“渔米之乡”。

◎信阳是华夏文明最重要的发祥地之一，从东到西分布有裴李岗文化、龙山文化和屈家岭文化遗址多处。

◎信阳自古以来地灵人杰，名人有春申君、司马光、邓颖超、孙海波、马立国、许世友、万海峰、贾占波等。

◎宋代大诗人苏东坡曾有“淮南茶，信阳第一” 的赞誉。信阳毛尖被誉为“绿茶之王”，它的独特风格形成于20世纪初。

信阳毛尖的采茶期分三季：春茶采于谷雨前后，夏茶采于芒种前后，秋茶采于立秋前后。谷雨前后只采少量的“跑山尖”，“雨前毛尖”被视为珍品。不同品种的采摘标准有区别，特级毛尖以芽一叶初展为主，一级毛尖以一芽一叶为主，二三级毛尖以一芽二叶为主，四五级毛尖以一芽三叶及对夹叶为主，要求不采蒂梗。

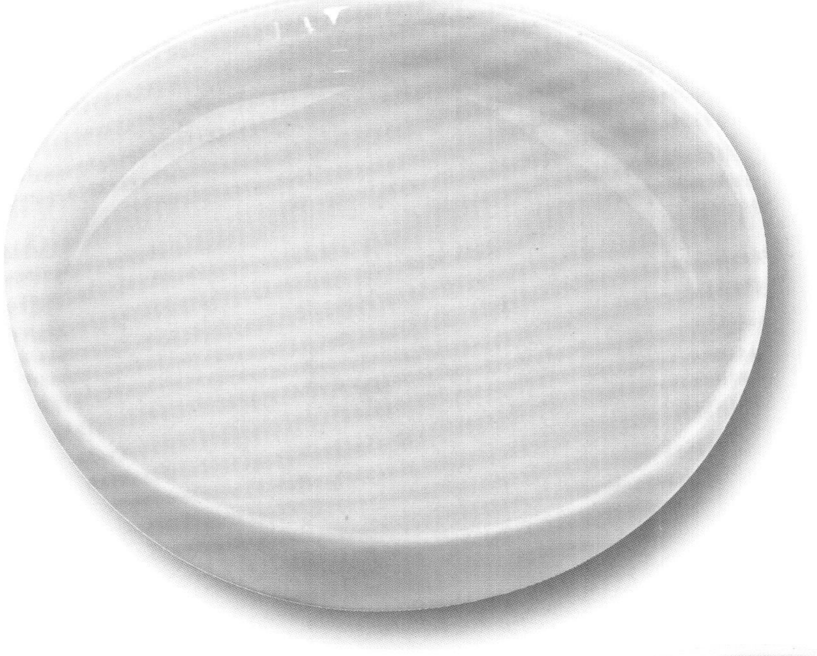

茶 条索细秀、圆直、有峰尖，嫩绿有白毫。

汤 汤色嫩绿、黄绿，明亮。

香 香气高雅、清香。

味 味鲜爽、醇厚。

奇 独特的香味，口感甘醇。

都匀毛尖——茶中极品

绿茶

都匀毛尖又称“鱼钩茶”“细毛尖”“白毛尖”等，是贵州当今四大名茶之一，也是中国十大名茶之一。以“干茶绿中带黄，汤色绿中透黄，叶底绿中显黄”的特色而闻名天下。

都匀毛尖产于贵州都匀市。它富含锌、硒等人体所需的多种稀有元素，堪称“茶中极品”“绿茶之珍”。

都匀毛尖的产地都匀，是这样的一个地方：

◎都匀是贵州省南部政治、经济、文化中心，西南地区出海重要交通枢纽，曾被评为“全球绿色城市”。

◎都匀是多民族聚居地区，有汉族、布依族、苗族、水族、侗族等民族，民族风情浓郁。

◎据载，早在明代，毛尖茶中的“鱼钩茶”“雀舌茶”便是皇室贡品，到乾隆年间，已开始行销海外。

◎都匀名人有尹怀昌、刘启秀、陶廷杰、龙正明、任正非等。

都匀毛尖茶选用的是当地的良种，具有发芽早、茸毛多、芽叶肥壮、持嫩性强的特性，并且含多种有益成份。茶叶于清明前后开采，采摘标准为一芽一叶初展，采回的鲜叶须进行挑拣，摊放1~2小时，晾干水分即可炒制。炒制工艺分杀青、揉捻、搓团提毫、干燥四道工序。

茶　条索紧结、纤细、卷曲，色泽绿润，多白毫。

汤　茶汤颜色绿中透黄。

香　香气嫩香持久。

味　滋味鲜爽回甘。

奇　冲泡后茶叶徐徐舒展，上下漂移，茶水银澄黄绿，清香袭人。

蒙顶甘露——如甘露般清甜

绿茶

蒙顶甘露茶是中国历史名茶，因其茶汤味道犹如甘露一般清甜而得名，被尊为“茶中故旧”“名茶先驱”。

蒙顶甘露生长在四川蒙顶山上，自唐朝至清朝的1000多年里，一直被列为贡品。蒙顶山上清峰至今还存有汉代甘露祖师吴理真手植七株仙茶的遗址。

蒙顶甘露的产地蒙山，是这样的一个地方：

◎蒙山位于四川省邛崃山脉之中，素有“蒙山之颠多秀岭，恶草不生生淑茗”的说法。

◎蒙顶甘露源自蒙顶茶历史上的“凡茶”，是国内最早出现的卷曲型绿茶，由宋代蒙山名茶“玉叶长春”和“万春银叶”演变而来。

◎自唐朝开始，蒙山茶就被列为“贡茶”，沿袭至清，年年岁岁采制贡茶，极为神秘。

◎蒙山派茶道分蒙顶茶艺“天风十二品”和蒙顶茶技“龙行十八式”两大类，分属刚健派与典雅派。两派堪称蒙山派“双璧”，被誉为中国茶文化艺术的两座里程碑。

蒙顶甘露采摘时节为每年春分，一级茶采摘标准为单嫩芽和一芽一叶初展，二级为一芽一叶初展，三级为一芽一叶和一芽二叶初展。鲜叶经杀青、初揉、少二青、二揉、少三青、做形提毫、烘干等工序制作成茶。

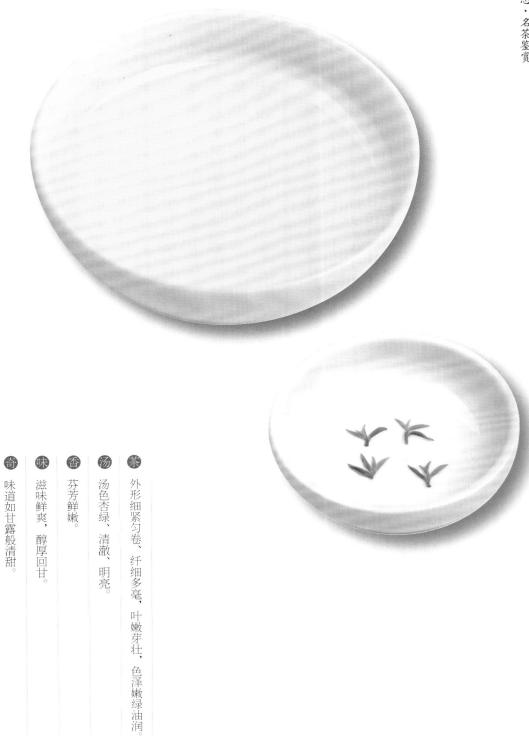

茶 外形细紧匀卷、纤细多毫，叶嫩芽壮，色泽嫩绿油润。

汤 汤色杏绿、清澈、明亮。

香 芬芳鲜嫩。

味 滋味鲜爽，醇厚回甘。

奇 味道如甘露般清甜。

绿茶

婺源茗眉——形如女子之秀眉

婺源茗眉是绿茶中的珍品，因形状弯曲、纤细，犹如少女的秀眉而得名，具有『叶绿、汤清、香浓、味醇』等优点。

婺源茗眉主产于江西省婺源县，江湾、大畈、秋口、鄣公山、溪头、段莘、古坦、沱川等乡镇为茗眉茶的天然产地。

婺源茗眉的主产地婺源，是这样的一个地方：

◎婺源位于江西省东北部，赣浙皖三省交界处，是徽州六县之一，被誉为『中国最美的乡村』，素有『书乡』『茶乡』之称。

◎婺源产茶历史悠久，始于汉，到唐代已是『绿丛遍山野，处处飘茶香』的产茶区，茶圣陆羽在世界第一部茶学巨著《茶经》中就有『歙州茶生婺源山谷』的记载。

◎婺源茗眉主要有特珍、珍眉、凤眉、雨茶、贡熙、秀眉和茶片等。

◎婺源的茶叶交易当中，茶号起了重要作用。婺源设茶号制造茶的历史很长，达300年以上。

◎婺源是赏油菜花、看古村落建筑的好地方。

婺源茗眉以上梅州茶树良种和本地大叶种为主，采摘标准为一芽一二叶初展，选择大小嫩度一致、芽叶肥壮、白毫显露的鲜叶。后经分叶摊放、杀青、揉捻、烘坯、锅炒、复烘六道工序精制成茶。

茶 外形纤秀、细嫩，光滑，颜色翠绿，银毫披露。

汤 汤色黄绿清澈、明亮。

香 香气馥郁清高。

味 滋味鲜爽醇厚。

奇 初闻香如嫩蚕豆，细嗅又似苹果香。

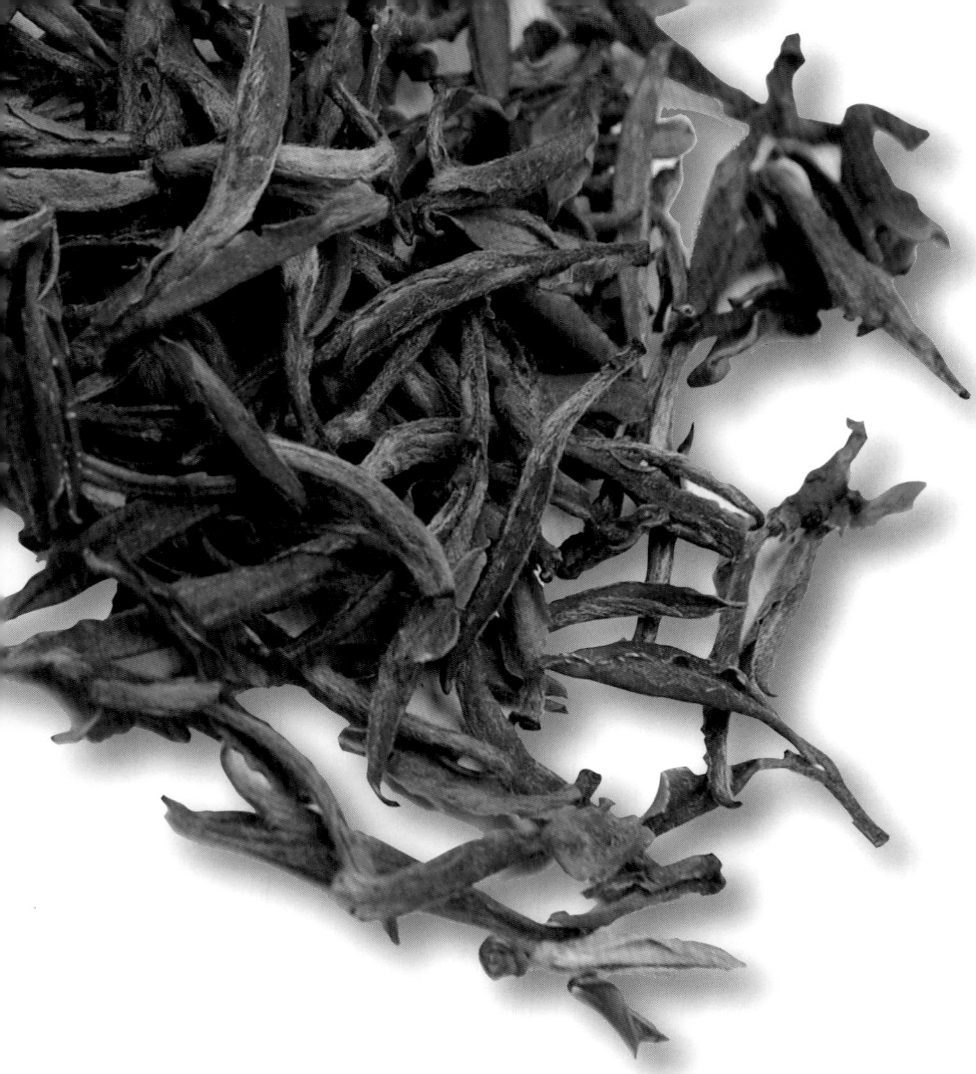

舒城兰花——芽叶相连似兰草

绿茶

舒城兰花茶为历史名茶，关于名字的由来有两种较普遍的说法：一是芽叶相连于枝上，外形与兰草花酷似；二是茶叶采制时正值山中兰花盛开时节，茶叶吸附兰花香，故而得名。

舒城兰花主产于安徽舒城。舒城当中又以白桑园、磨子园的兰花茶最为著名。

舒城兰花的产地舒城，是这样的一个地方：

◎舒城位于安徽省中部、大别山东麓、巢湖之滨，江淮之间。

◎舒城是周瑜故里，这里的名人还有文翁、李公麟、秦民悦、孙立人等。

◎万佛湖是中国首批、安徽省首家国家4A级旅游区；万佛山景区是国家级旅游区、国家森林公园、国家地质公园及国家级自然保护区。

舒城兰花茶叶的采摘于从谷雨前后开始，大、小兰花茶的采摘标准不同，大兰花茶为一芽三、四叶，小兰花茶标准为一芽二、三叶。鲜叶采回后，晾干表面水份，及时付制，经过杀青、初烘、足烘等工序方可制成。

茶 外形条索细卷呈弯钩状，芽叶成朵，色泽翠绿匀润，毫锋显露。

汤 汤色嫩绿明亮。

香 具有浓郁的兰花香。

味 滋味甘醇。

奇 鲜爽回甘。

君山银针——中国十大名茶之一

黄茶

君山银针是我国十大名茶之一，其茶芽外形细长如针，因而得名君山银针。又因其成品茶芽头茁壮，茶芽内面呈橙黄色，外层白毫布满，故有“金镶玉”的雅号。

君山银针原产于湖南省岳阳市洞庭湖中的君山，为黄茶中的珍品。君山茶历史悠久，它始贡于五代，宋、明、清代均为贡茶，原名白鹤茶，正式定名为君山银针则是在清代。君山银针曾获得1954年德国莱比锡博览会金奖。

君山银针的产地岳阳，是这样的一个地方：

◎岳阳古称巴陵，地处湖南省东北部，素有“鱼米之乡”的美誉。

◎岳阳旅游资源丰富，岳阳楼是江南三大名楼之一，张谷英村被称为“天下第一村”。

◎岳阳盛产茶叶、银鱼、湘莲、蚌珠、蜂蜜，其中君山银针、北港毛尖均为名茶。

◎君山茶历史悠久，唐代就已生产、出名，清朝时被列为“贡茶”。据说文成公主出嫁时就选带了君山银针茶入西藏。

◎君山又名洞庭山，为洞庭湖中岛屿，是国家5A级景区。屈原在《九歌》中把葬于此的舜帝二妃称为湘君和湘夫人，故后人将此山改名为君山。

君山银针茶与其他茶叶最大的区别在于采摘，其采制要求非常高。采摘茶叶的时间从清明前的三四天开始，而且只能在清明节前后7~10天内采摘。采摘标准为春茶的首轮嫩芽，采摘时，不能用指甲掐采，需用手轻轻将芽头摘下。用来盛芽头的小竹篓也有要求，需在里面垫上皮纸，防止芽头上的茸毛被磨掉。值得一提的是，采摘时还要做到“九不采”，即：雨天不采、冻伤芽不采、虫伤芽不采、瘦弱芽不采、紫色芽不采、空心芽不采、开口芽不采、露水芽不采、过长过短芽不采。

采摘后，嫩芽经精心拣选，以大小匀齐的壮芽制作银针。制作时，需经过杀青、摊凉、初烘、初包、复烘、再包、足火等工序，整个过程约需三四天。

茶 条索紧圆，芽头肥壮，色泽金黄光亮，白毫显露。

汤 汤色澄黄明亮。

香 香气清纯。

味 滋味甜爽。

奇 冲泡时，可以看到『三起三落』的景观。

蒙顶黄芽——享有『仙茶』之美誉

黄茶

蒙顶黄芽始栽培于西汉，从唐开始至明清皆为贡品，素有“仙茶”的美誉。因民国初年蒙顶山以生产黄芽为主，故称蒙顶黄芽，是至今仍保留闷黄工艺的顶级黄芽茶。

四川蒙山是蒙顶黄芽的故乡，这里土壤肥沃，环境优越，终年细雨朦朦，为蒙顶黄芽茶的生长创造了适宜的条件。

蒙顶黄芽的产地蒙顶山，是这样的一个地方：

◎蒙顶山位于四川省雅安市境内，在四川盆地西南部，因常年雨量达2000毫米以上，古称“西蜀漏天”。

◎蒙顶山是蜀中一大名胜，与著名的峨眉山、青城山齐名，并称四川的三大名山。

◎蒙顶山历来以茶名世，被公认为世界茶叶的发源地，素有“扬子江中水，蒙顶山上茶”之誉。

◎蒙顶山上的蒙泉井位于皇茶园旁，又名"甘露井"，用此井水烹茶有异香。

蒙顶黄芽茶叶于春分时节采摘，当茶树上的芽头鳞片约有10%展开时即可开园。采摘时，选肥壮的芽和一芽一叶初展的芽头采，要严格做到病虫为害芽、空心芽、露水芽、紫芽、瘦芽不采，即所谓的“五不采”。采回的嫩芽要及时摊放，及时加工。

蒙顶黄芽制作经过杀青、摊凉、复炒、包黄、复炒、堆黄、四炒、干燥提毫烘焙等工序。采用的是二包一堆的工艺，制作时闷黄与烘炒交替进行，核心的部分闷黄是在不同的含水率条件下分阶段进行的，在发酵过程中多糖类物质增加，这也是形成蒙顶黄芽独特甜香味的原因。

茶 外形芽叶整齐，形状扁直，芽匀整多毫，嫩黄油润。

汤 汤色杏绿明亮。

香 甜香浓郁。

味 滋味鲜爽甘醇。

奇 独特的甜香味。

霍山黄芽——色亮味醇香持久

霍山黄芽被誉为茶中精品，它起源于唐朝，自明始历代被列为贡茶。霍山黄芽曾一度失传，现在的霍山黄芽于1972年创制并恢复生产，获得无数的奖项，曾获得『中茶杯』全国名优茶评比一等奖、上海国际茶文化节名茶评比金奖等。

霍山黄芽茶产于安徽省霍山县大化坪金子山、金山头。其中『三金一乌』，即大化坪的金鸡山、金山头，姚家畈的乌米尖，这些地方所产的黄芽茶品质最佳。

霍山黄芽的产地霍山县，是这样的一个地方：

◎霍山是安徽六安市下辖的一个县，有『金山药岭名茶地，竹海桑园水电乡』之美誉。

◎『远东第一坝』佛子岭水库在霍山境内。

◎霍山特色美食有血豆腐、河鱼、蒿子粑粑。

◎霍山黄芽自明代列为贡品。

霍山黄芽开采期在清明前后，采摘标准为一芽一叶、一芽二叶初展，黄芽要求鲜叶新鲜度好。鲜叶采回后还需挑选，除去不符合标准的，鲜叶要尽量薄摊以散失表面水分，一般上午采下午制，下午采当晚制完。

霍山黄芽的制造分为杀青、初烘、摊放、复烘、足烘等等工序，依其品质分为特一级、特二级、一级和二级。冲泡好的霍山黄芽茶香清幽，令人心旷神怡。

茶 外形条直微展，芽叶细嫩，形似雀舌，嫩绿多毫。

汤 汤色黄绿清澈明亮。

香 香气清香持久。

味 滋味鲜醇回甘。

奇 色亮味醇香持久。

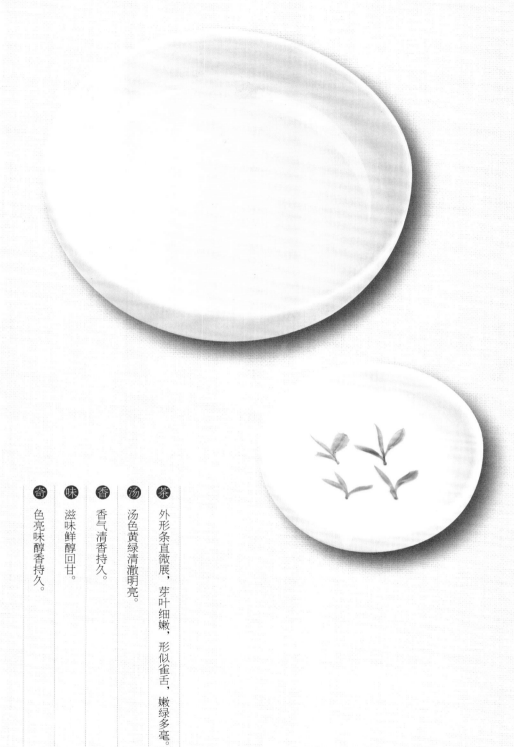

碧潭飘雪——花瓣如雪水中漂浮

花茶

碧潭飘雪，一听名字就觉得很诗意，这个花茶名字源于茶叶在冲泡过程中呈现出的优美形态。所谓用“碧”即嫩绿的茶叶，“潭”即冲泡时的容器。茶叶入水时，汤色被映衬得宛如碧绿的湖水，芽叶上的白毫和茉莉花瞬间散落在水中，如同雪花飘浮。

碧潭飘雪产于四川省峨眉山上。茶叶与茉莉花相结合，茉莉花的馥郁芬芳衬托茶的醇厚滋味。产量极少，为茶中的精品。

碧潭飘雪的主产地四川省峨眉山，是这样的一个地方：

◎峨眉山为中国四大佛教名山之一。

◎峨眉山云雾多，日照少，雨量充沛，非常适合茶树生长。

◎峨眉山上约有3000多种植物，其中包括许多稀有树种。

◎有“峨眉天下秀”之称的峨眉山，为全国重点文物保护单位、国家重点风景名胜区、国家5A级旅游景区。

碧潭飘雪是用上好的茉莉花与优质绿茶一起窨制而成的花茶。

碧潭飘雪分为特级和1到2级，共3个级别。

特级：条索紧细，匀整，色泽翠绿，显毫。

一级、二级：条索紧细，匀整。

茶 外形条索紧细，色泽翠绿油润，花朵匀整。

汤 汤色淡黄明亮。

香 香气芬芳。

味 滋味醇厚回甘。

奇 多泡仍有茉莉花香。

第二篇 茶器

第1章

泡茶器具的前世今生

最早的时候，茶具没有从餐食、酒具中分离。“茶具”一词最早出现在2000多年前的西汉时期，有的学者认为西汉王褒《僮约》里记录的“烹茶尽具”是中国最早提及茶具的史料。

茶具“自立门户”，从其他器具中分离出来，第一次被完整整理记录下名称，细化其用途，是在陆羽的《茶经》中。《茶经》是最早系统、详细、明确、完整记载茶具等茶文化的文献。此后，白居易《睡后茶兴忆杨同州诗》中有“此处置绳床，旁边洗茶器”。陆龟蒙《零陵总记》中有“客至不限匝数，竞日执持茶器”。北宋画家文同“惟携茶具赏幽绝”，南宋诗人翁卷“诗囊茶器每随身”，明清诗文中“茶具”“茶器”更是多见。

茶叶形态的变化，使饮茶方式经历了烹、点、泡等变化，茶具也随之发生了相应的变化。

宋·刘松年　碾茶图（局部）

唐代《茶经》中的茶具

唐宋时期，茶叶主要为紧压茶，泡茶前需要炙烤茶叶并碾成颗粒，因此唐宋时茶具中有碾茶具和炙茶具。《茶经·四之器》将茶具分为8大类，包括生火用具、煎茶用具、炙茶和碾茶用具、贮水和存盐用具、盛茶和洗刷用具、茶器贮存用具等共24种，29件茶具。

煮水热源

风炉：形如古鼎，有三足两耳，内放炭火，是煮茶用的炉子。

煮水具

灰承：放在风炉底端，盛灰用。

莒：供盛炭用。

炭檛：供敲打炭用。

火夹：供取炭用，火筷子。

鍑：烧水、煮茶的锅。

交床：放置鍑用。

处理茶叶的茶具

夹：烘烤茶时用来夹茶饼。

唐·佚名　宫乐图（局部）

纸囊：贮放暂时烤好的茶叶。

碾：将烤好的茶叶碾成碎沫。

拂末：碾实后用来扫茶沫。

罗盒：罗，筛茶末的筛子；盒，筛完放茶末的盒子。

茶用水具

水方：盛水的容器。

滤水囊：即滤水器。

瓢：水瓢，舀水用。

熟盂：盛放热水。

茶用盐具

鹾簋：盛盐的容器。

揭：取盐的工具。

饮具

碗：饮茶用的盏。

洁具

札：清洗饮茶后的茶具。

涤方：盛放洗涤后的水。

滓方：盛放茶渣。

巾：清洁、擦干茶具。需要两块更换用。

辅助茶具

竹筷：竹筷子，煮茶时用来搅动茶汤。

则：用来量茶叶的容器。

茶器收纳工具

畚：放碗的容器。可以放十只茶碗。

具列：陈列或收藏泡茶用的全部器具。

都篮：盛放煮茶的全部器具。

法门寺地宫出土的宫廷茶具

宋代审安老人的“十二先生”

宋代前期，茶类和饮茶方法与唐代相同，因此茶具也与唐朝相近。元代茶具基本沿袭宋制。

唐代以后的各个时期都不缺乏饮茶和茶具发烧友，北宋蔡襄的《茶录》中有“论茶器”一篇，南宋茶人审安老人著有一本非常有趣的专门记述茶具的书《茶具图赞》，手绘茶具样式，并给每种茶具任命了官职，起名，定了字和雅号，称茶具为“十二先生”。

元·赵孟頫　斗茶图（局部）

韦鸿胪

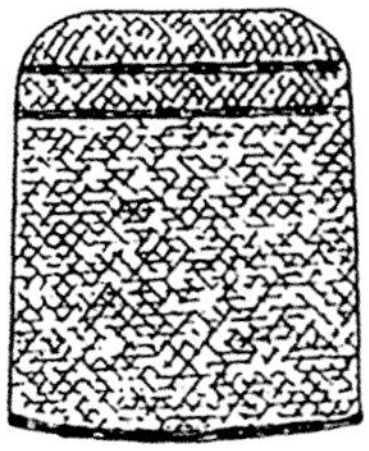

四窗闲叟，竹烘笼，
用于干燥茶饼，便于研磨成粉。

木待制

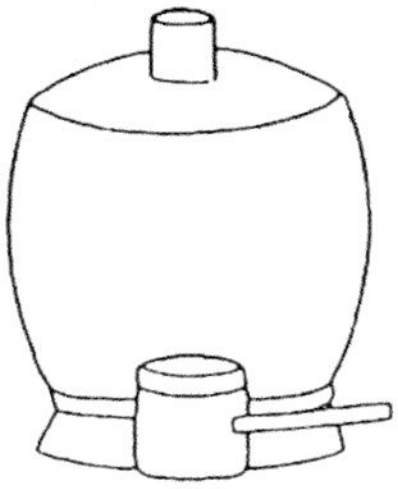

隔竹居人，将团饼茶压断、压散的工具。

金法曹

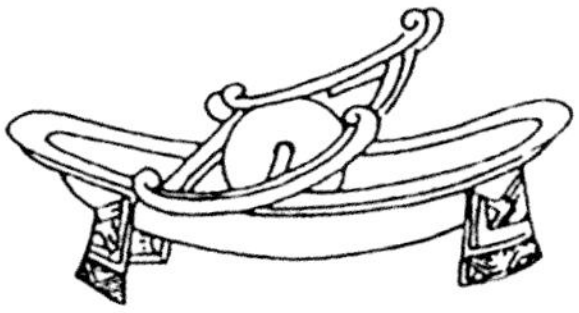

和琴先生，金属茶碾，
由碾槽和碾轮组成，用来碾茶末。

胡员外

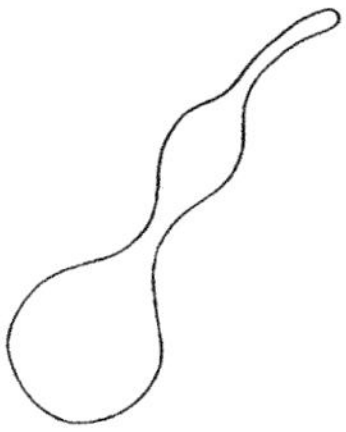

贮月仙翁，葫芦量水用的水杓。

石转运

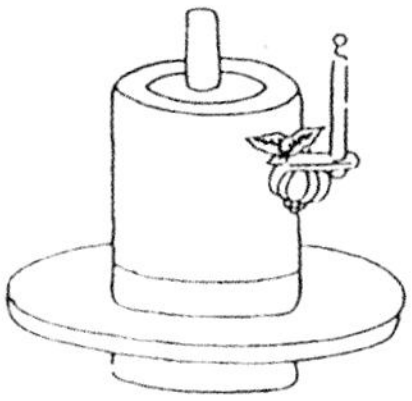

香屋隐君，石磨，用来碾碎茶末。

罗枢密

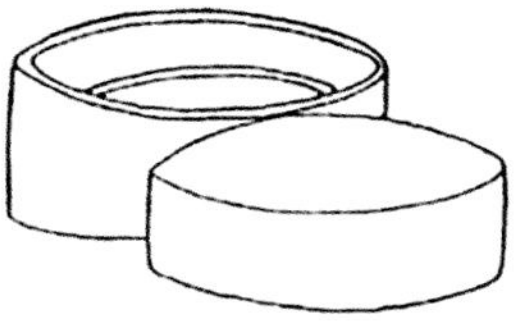

思隐寮长，罗筛碾碎的茶末用之过罗。

宗从事

扫云溪友，棕刷，用来扫集茶末。

漆雕秘阁

古台老人，原承持茶盏的茶托。

宋·刘松年　碾茶图（局部）

陶宝文

兔园上客，指茶盏。

竺副帅

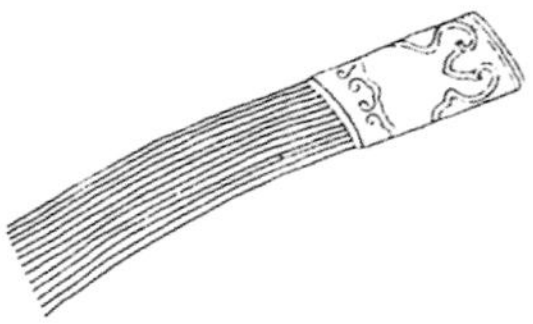

雪涛公子，即茶筅，点茶时用来搅汤。

汤提点

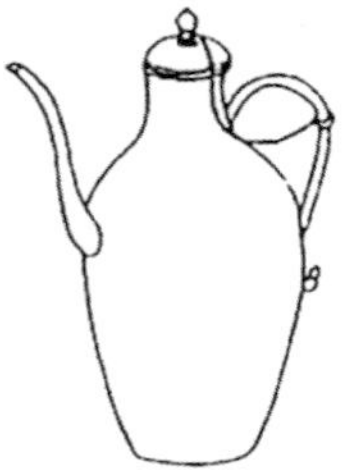

温谷遗老，即汤瓶、注子，
沸水壶，用来贮放沸水，供点茶用。

司职方

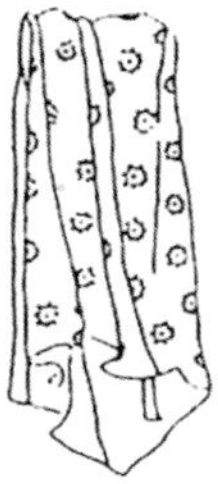

洁斋居士，即茶巾，擦拭茶具用。

明代紫砂壶和景德镇瓷茶具

明代废团茶兴散茶，用沸水直接冲泡茶叶就可饮用，因此茶具开始简化，样式增多。茶具中最令人瞩目的，是江苏宜兴紫砂茶具和景德镇的瓷茶具。明代张谦德《茶经·论器》中录入茶具9种：茶焙、茶笼、汤钵、茶壶、茶盏、纸囊、茶洗、茶瓶、茶炉等。明代以小茶壶为时尚。

紫砂壶和紫砂制杯垫

清代茶具和烹茶四宝

清代沿用明代茶具，只是种类更齐全。著名的潮汕工夫茶茶具便产生、完善于清代。

《清代述异》中记载：“工夫茶器更为精致，炉形如截筒，高约一尺二三寸，以细白泥为之。壶出宜兴窑，圆体扁腹，努嘴曲柄，大者可受半升许。杯盘则花磁居多，内外写出山水人物，极工致……”这里说的，就是潮汕工夫茶具。闽南、潮汕地区嗜饮工夫茶，泡饮器具从最初的十多件简化为必备的四件，由罐（玉书碨，煮水壶）、壶（孟臣壶，泡茶壶）、杯（若琛瓯，茶杯）、炉（潮汕风炉）组成，合称“烹茶四宝”，器物多为陶、瓷质地，造型古朴风雅。清代袁枚《随园食单》：“杯小如胡桃，壶小如香橼。”说的就是工夫茶具。

汕头风炉

汕头风炉又叫“潮汕风炉”“潮汕烘炉”，用黏土烧制，《清代述异》中说汕头风炉“形如截筒，高约一尺二三寸，以细白泥为之”，还有红泥小火炉，外形如鼎或筒，高二三十厘米，内膛小，有炉门，有些炉上刻画有文字或图画。在没有电炉的年代，正宗的茶炉非汕头风炉莫属。即使是电炉大行其道的现代，汕头风炉仍旧存在，急火烹煮着即将令茶浴火重生的水。

玉书

“玉书”是“玉书碨”的简称，是与汕头风炉搭配使用的煮水器具，砖红色，扁形，容积200多毫升，以产于广东潮安的最有名，能耐冷热急变，便于观察煮水的变化，至今也是煮水利器。

> “玉书”名字的来源一般说法有二，一是壶的设计制造者名玉书；二是沸水倾出如玉液输出，又因“输”字不吉，换为“书”字，故名“玉书”。

孟臣壶

孟臣壶又叫“孟臣罐”“孟公壶”，器底多刻有“孟臣”铃记。孟臣壶尚“小、浅、齐、老”：壶小，容量少；壶不可高；壶嘴、口、把三点一线为齐，这是对做工的精细要求；老则指壶以老旧为贵。孟臣壶得名于创作者——宜兴的惠孟臣。孟臣善制小壶，孟臣壶小如香橼，容水约50毫升，至今泡饮乌龙茶仍首推孟臣小壶。

若琛瓯

若琛瓯又叫“若琛杯”，白瓷小杯，清代袁枚《随园食单》中说潮汕茶具：“杯小如胡桃，壶小如香橼。”若琛杯就是其中的胡桃小杯。相传为清代江西景德镇烧瓷名匠若琛所作，为白色翻口小杯，杯底书“若琛珍藏”款。俗语“茶三酒四玩二”，潮汕工夫茶一壶茶经巡城、点兵分成三杯，也合了三口为“品”之说。

红泥小壶

白瓷小杯

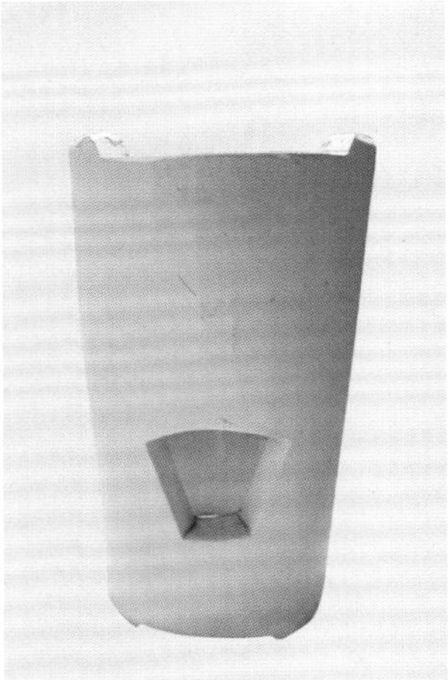
潮汕风（泥）炉

潮汕红泥煮水器，与风炉搭配使用

茶具从无到有，从共用到专一，从粗陋到精巧，从材质、样式单一到丰富多样。由于茶叶形态的变化，唐宋时期茶具中的碾、罗具等茶具早已悄然隐退，其他煮水、泡茶、饮茶、清洁和辅助茶具则沿用至今。

第2章

老茶器之韵

岁月会给美丽的器物增添韵味。拿起一个老物件，你会感受到它散发出的那难以言表的沉稳气韵，想象它曾在哪个时空，曾被怎样的把玩……在和这件器物的沟通之中，人往往心生喜悦，安宁平和。茶台上的老茶具带着岁月积累的宁心静气，与茶和人那么相合，聊聊这件茶具的年代、窑口，心随之神游。难怪它们深受茶痴们的喜爱和追捧。

青花老瓷杯和茶托

老铁壶

老铁壶的质感

日本老铁壶引起注意，是因铁壶煮水水温高，能激发普洱茶的香气，其特殊的铁质还能软化水质。更多的人喜欢老铁壶，是因为老铁壶粗糙的铁质铸造的质感，饱满的器形，浮雕或错金错银的装饰，营造又熟悉又陌生的美感。一把老铁壶放在那就是态度，是茶人的名片。它气场强大，定力十足，宠辱不惊，会让你第一时间注意到它。

日本老铁壶肌理粗砺，被明火烧燎的壶底真实的凹凸和不同于壶腹的质感，立即撩动人们对逝去的年代的遐想，令人忍不住用手轻轻地触摸它。古拙的器形、乌沉沉的色泽，线条回转中无处不透出细节的精巧与美感。粗糙与精美精妙地结合，令铁壶整体散发着平衡、安静、古朴、恬静的意蕴，沉甸甸，盛满了流走的时间。

老铁壶

提梁上的错银图案

老铁壶是很多嗜茶者案头的爱物与紫砂壶相类，因为国人酷爱有年份的器物，且老铁壶堪称烧水利器，无法不令茶人心驰神往。

日本铁壶脱胎自中国唐宋时期煮茶用的铁釜。四百多年前，日本茶人为铁釜安上把柄和壶流，制成铁壶。烧水泡茶，沿用至今。铁壶是日本人的日常生活用具，以日本南部铁壶和京都铁壶最为有名。日本南部有砂铁、岩铁等良质铁矿，铁器使用比较流行，制作的铁壶壶身和壶盖通体铸铁，实用质朴；京都铁壶则典雅华丽，铜质的盖，精美的摘（盖子上的钮）和多样的提梁都是京都铁壶的标签，工艺精湛，装饰考究。

很多茶痴都想拥有一把喜欢的日本老铁壶，如果没有合适的机缘，不妨精选一把由日本“人间国宝”匠人制作的新铁壶，用它半辈子，和它一起慢慢变老。

各种铁壶

老锡器

老锡器美在岁月与泡茶共生的痕迹，美在年轮赋予的润泽，美在与现代器物不同的造型和工艺，这些特质令它在茶席上非常抢眼，有一种沉稳安宁、岁月静好之美。明清制作的锡茶具“经年之久，锈花赤斑，纷然点出，古色可掬”，使用的痕迹，光滑柔腻的手感和内敛的光泽令人感到沉静，有些锡器还生出了美丽的斑纹。乌沉沉的锡器虽是金属制品，却没有铁、铜器带给人的那种坚硬和不安全感，与陶瓷茶具更亲和融洽，在茶桌上最是低调，散发着柔和、恬静和隐隐的光泽，想不吸引人的目光都难。

锡器有纯锡、锡银合金等。有的纯锡器物历经岁月之后，表面会出现美丽的斑纹，锡银合金器具则焕发出不同于银器的深沉而又贵气的光泽。

老锡茶托

锡无味，氧化慢；坚固柔韧，可塑性强，虽为金属，但器物并不坚硬铿锵，极适合与坚硬而易碎的陶瓷茶器共用。最常见的老锡茶器有茶仓、茶托、建水和茶盘等。潮汕工夫茶的双层茶盘也有用锡制成的。

锡制茶具

◦ 茶托

茶托为重要的茶具之一，有茶杯就应有杯托与之相配。除了与瓷杯配套制作的盏托以外，现在金属茶托也较多见，如铜、锡、铁、银等材质。其中，锡茶托，尤其是老锡茶托更吸引眼球。

锡茶托是日本煎茶道常用的茶道具之一，不少老锡茶托是“中国制造”后漂洋过海，到日本被称为“唐物”，现在又到故里，成为很多骨灰级茶客茶席上低调、含蓄的静美焦点。无论光素茶托、元宝形、花瓣形还是有刻画的老锡茶托，虽然低低地隐身在茶杯下，怀拥一瓯茶汤，虽然灰色，并不华美闪亮，但却将安静雅致表现到极致，无法不成为茶席上的亮点。

银宝形老锡茶托搭配白瓷杯

葵花瓣老锡茶托和柴烧田黄釉花瓣杯

菊瓣老锡茶托，底部有落款

现代制锡圆形茶托

银宝形老锡茶托，表面已有包浆

◦ 壶承、茶盘

小巧可爱的老锡壶承和茶盘。

壶承又被称为“急须台”或“茶盘”，有方有圆，圆形的直径一拃左右，大小和器形最适合泡茶，在干泡盛行的当下，可加上一小片丝瓜藤做隔垫用以承托茶壶，简洁、舒适，安静而素雅，非常实用。

老锡壶承，底部带花纹和落款

老锡壶承搭配上经典的朱泥西施壶，经典大气

潮汕工夫茶盘，原来是用于承托3个胡桃小杯，另用茶盘（瓷或红泥）盛放茶壶，沸水冲入茶壶后，提起，在锡茶盘上方向3个小杯中“关公巡城”“韩信点兵”均匀分茶使用，旁落的茶汁就被收集到下面的身桶中。

也找一片小巧精美、有一定年头的锡茶盘，盛放茶壶，做泡茶盘使用，也相当惬意。

老锡潮汕工夫茶盘

老瓷杯

泥土养育了茶树，人们采下茶树的叶子制成了茶；泥土又被人手团和揉捏成坯，在火中炼成身骨硬朗的茶具；茶叶放入茶具中，冲入水，茶与泥土以这种方式相拥、缠绵……陶瓷与茶最相契合，因为它们都从泥土中生发。

老瓷茶杯是茶桌上的极奢器物，尤其是那些釉色润洁如玉，制作于中国陶瓷史上熠熠闪光时代的茶杯。使用这样器物的人，往往嗜茶，也爱古物。唐代玉一样莹润的瓷茶盏、宋代的黑釉建盏都曾在那遥远的年代里独领风骚，但离我们太远了……

中国人现代的饮茶方式始于明代散茶大兴之时，明清茶器无疑比兔毫建盏等唐宋茶器更令我们感到亲切。白瓷、青花、斗彩、粉彩、颜色釉……一个小小的老茶杯推在手中，比任何器物都更能引发人们怀古的幽思，令我们有穿越感——茶汤在你心中安睡了几多春秋？曾经有谁把你这样擎在手心？

老青花瓷杯

老瓷茶杯

各种老瓷杯

青花老瓷杯和盖碗

第3章 现代经典茶具

青花米通杯

成为经典需经过时间的淘洗，故虽为传统，却与时尚之美不相违背，经典茶具从未过时。

中国陶瓷即是茶具中的永恒经典，黑釉建盏堪称为茶而存在，紫砂茶具被誉为最宜茶的茶具，其他各种样式、花色的陶瓷茶具担当了茶具的主流。

微信扫描书中含“ ”图标的二维码
听中国茶故事，品历史悠久茶文化
另配中国茶事交流群

紫砂茶具

◦ 经典壶形

紫砂茶具始制于北宋时期。初期的紫砂器胎质粗、型体大，多为传统生活实用器具，茶壶则是用于煮水或煮茶的器皿。在宜兴市丁蜀镇羊角山古龙窑遗址附近，至今还能看到一些粗糙的紫陶残片。

明代大兴散茶，明清时期是紫砂茶具发展的兴盛期。明永乐皇帝推动了紫砂茶具的发展，其最有力的举措是下旨制造了大批紫砂僧帽壶。

仿古壶

曼生壶谱

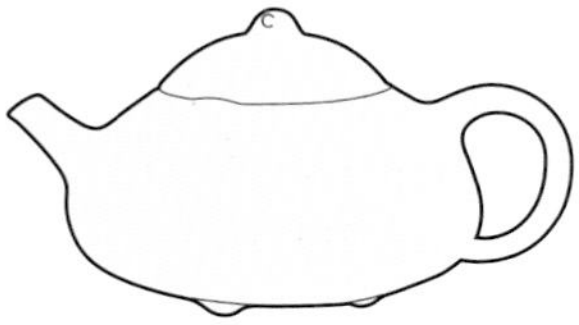
横云壶

合欢壶

石瓢

古井栏壶

飞鸿长寿壶

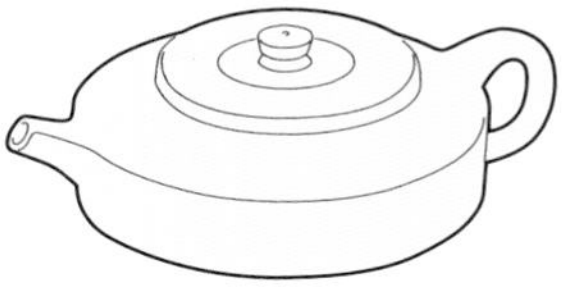
乳鼎壶

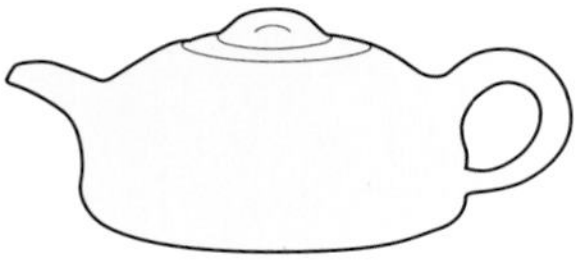
半球壶

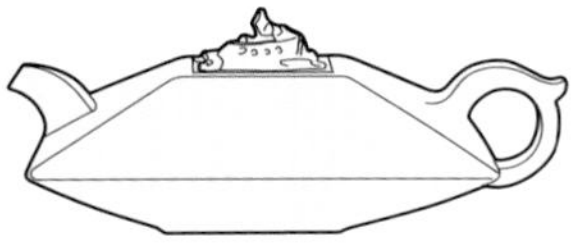
扁方合斗壶

竹节壶

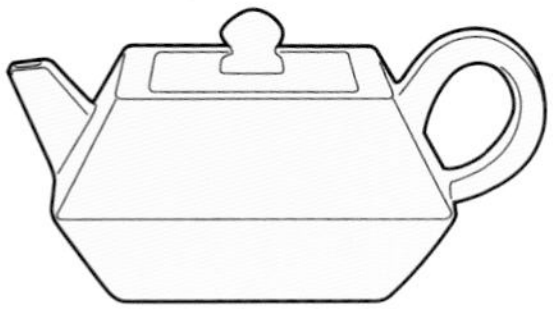
四方合斗壶

钮环葫芦壶

箬笠壶

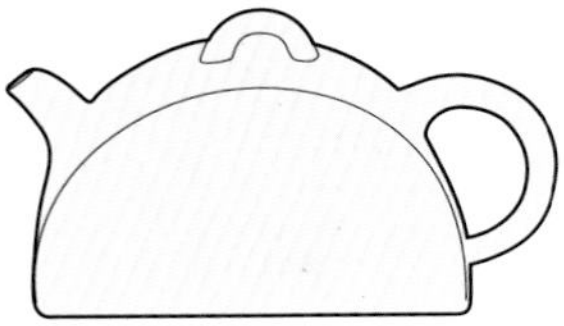
半瓦壶

六方壶

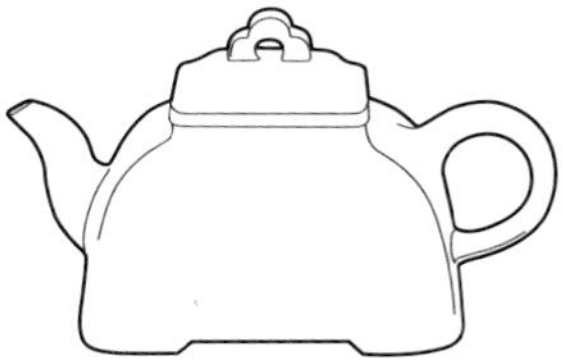
弧棱壶

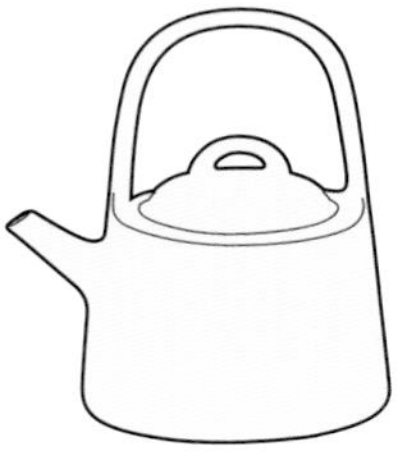
石铫壶

汉君壶

石瓢提梁壶

“僧闲静有致，习与陶缸瓮者处，抟其细土，加以澄练，捏筑为胎，规而圆之，刳使中空，踵傅口柄盖的，附陶穴烧成，人遂传用。”（明代周高起《阳羡茗壶系》）。传说一老僧开始做紫砂壶，后被供春偷学技艺并发扬光大，供春因此成为紫砂壶最早的名家、大家，供春之后，有董翰、赵梁、袁锡、时朋均四大紫砂名家，但他们的作品传世者极少。清代紫砂名匠辈出，如陈鸣远、杨彭年等，使工艺日趋精细。康熙年间以珐琅彩装饰紫砂壶，雍正以后，粉彩、描金等工艺均用于紫砂壶，紫砂壶的装饰手法越来越趋于多样化。近、现代，顾景舟、蒋蓉等紫砂名家承前启后，他们创作的紫砂壶已经成为经典。

供春壶

紫砂壶的造型在很大程度上决定了其艺术价值，它是紫砂艺人赋予泥料的人文价值中的重要部分，体现了紫砂壶的神韵和美感。明清以来的经典紫砂壶造型经受了历代爱壶人审美的洗礼，经历了时间的考验，最终成为经典。

按照习惯，紫砂壶分为“光器”“花器”和局部采用花器造型、介于光器与花器之间的器型。明清时期，文人较多地参与了紫砂器的设计制作。受中国茶文化的思想追求和明清文人审美倾向的影响，光器成为紫砂壶中的主流品种。花器同样受此影响，充满了大自然的意趣，朴实自然，体现了明清时期文人雅士的精神追求。

光器较经典的常见器形有石瓢、仿古、水平、西施、汉君、掇只、掇球、梨形、德中、汉扁、牛盖洋桶、井栏、方砖、巨轮珠等。

新中国成立以后，不少创新壶式经历了时间的淘洗和爱壶人挑剔的审美筛选，不少壶型成为经典，如亚明设计、王寅春制作的“亚明方壶”，高海庚的“集玉壶”，朱可心所制“长青”“报春”等。

井栏壶

虚扁壶

掇球壶

掇只壶

上新桥壶

尔雅壶

合欢壶

雪华壶

僧帽壶

亚明方壶

六方井栏壶

扁钟壶

梨壶

集玉壶

子冶石瓢

水平壶

扁竹提梁壶

提梁八玲壶

曼生提梁壶

北瓜提梁壶

光器中的特殊品种——筋纹器。筋纹器俗称“筋囊壶”，多为圆形壶身，以纵向条纹把壶身分成若干等份为装饰，其形如菱花、水仙、菊花的花瓣，或南瓜等瓜类，壶口处无论方形、圆形或多边形，壶盖与壶身在任何角度都丝毫不差，很能考量工匠的工艺水准和烧制功力。

八棱壶

菊瓣壶

侧角壶

六方菱花壶

八瓣菊壶

紫砂壶型中的经典光器并不死板，多有变化，变化后的造型仍旧经典。

石瓢

高石瓢

清 曼生石瓢（张学明藏）

景舟石瓢

水平

水平壶

椭圆水平壶

肩线水平壶

小梨壶

灵芝供春壶

供春模仿寺院里老银杏树的树瘿制作了一把壶，这就是著名的“供春壶”。

花器模拟自然界的瓜果、梅竹等，做工精细、古朴优美，神形兼备，让人爱不释手。

大三友壶

玉兰壶

佛手壶

顺竹壶

龙头一捆竹

◦泥与色

江苏宜兴蜀山，古称阳羡，唐代即是中国贡茶的主要产区之一，明代正德、万历年间此地开始创制紫砂壶，并广受爱茶文人的追捧。

宜兴紫砂器宜茶的重要原因在于其使用的特殊泥料——蜀山泥，这种泥独特的结构使烧成的壶比其他陶壶更通透。蜀山泥的主要成分为云母、氧化铁、氧化铝等微量元素。制成陶壶后，紫砂泥不仅呈现出紫色（俗称“无色土”），而且在拼配后还会呈现更多颜色。

最常见到的紫砂壶源自以下几种泥料：

已封采的紫砂泥料矿区

紫泥。紫泥是使用最多的一种泥料，烧成后呈紫红色，自然美观。

本山绿泥。本山绿泥的矿石颜色呈现青绿色，故而称之为绿泥，但烧成后其颜色会发生改变，呈现出黄中透青绿色的色调，这种泥一般很少单独使用制壶。

红泥。红泥壶色泽橙红，较其他颜色的泥壶显得有光泽，使用后日渐光润红艳。

段泥。段泥矿中，矿石被其他矿石分隔成段，故名。段泥烧成后呈现黄色，是紫色以外，紫砂壶中较多见的泥色。

紫泥矿石

红泥矿石

本山绿泥矿石

墨绿泥。在段泥中加入氧化钴，调配得当，即得到墨绿泥，烧成后泥色绿中透青。

黑泥。现在呈现黑色的紫砂壶，多为紫砂泥中添加氧化锰烧制而成。

除以上泥料外，各种泥料巧妙拼配后烧制，可以得到多种效果和颜色的紫砂器具。泥料颜色贵在自然天成，尚“朴”不尚“艳”，最忌添加含铅或其他有害的金属物质来增色增艳。

六方壶

四方提梁壶

盉式壶

凹肩壶

◦ 制壶

经过挑选的“泥中泥”并不能马上使用，而需摊晾，使其在风雨中慢慢风化松散，放置时间长的泥料烧成后壶色会更润泽。风化后经拣选去杂、碾碎、拼配，泥料被粉碎、浸泡、捶打。如此炼泥之后，紫砂方可塑造成器。紫砂壶的制作，需经几十道工序。

紫砂壶制作中的重点工艺之一——拍身桶

紫砂壶制作工艺不同于其他陶瓷制品，需要经过几十道工艺，用泥片围成身桶后拍成需要的造型，然后制作壶口、壶底、流、柄、盖子等，再拼接起来、做明针，成为一把紫砂壶泥坯，经入窑烧制成型。

瓷茶具

瓷茶壶

中国的陶瓷烧造历史有8000年左右。瓷脱胎于陶，初期称“原始瓷”，至东汉才烧制成真正的瓷器。每个时代陶瓷器具的造型、釉色、装饰都反映了当时社会的经济、文化发展水平，是科学和艺术相融合而结出的美丽果实，丰富了中国人乃至全世界的物质生活、精神审美。

瓷茶具用长石、高岭土、石英为原料烧制而成，质地坚硬致密、光洁，吸水率低，主要品种为茶碗、茶盏、茶杯、茶托、茶壶等。唐代茶器以越窑青瓷和邢窑白瓷为主，形成了陶瓷史上著名的南青北白对峙格局，而陆羽更推崇越碗；宋代著名瓷窑有定窑、官窑、钧窑、耀州窑、汝窑、磁州窑、龙泉窑、景德镇窑和建窑等，其中建窑烧制的黑釉茶盏兔毫盏、鹧鸪盏和吉州窑的玳瑁盏，传入日本后被日本人统称为“天目茶碗”，极受推崇；明清饮用散茶，茶具首推景德镇瓷器和宜兴紫砂陶，青花、甜白、斗彩、五彩等，釉色越来越丰富多彩；时至现代，彩釉和彩绘达到了极高的水平。

瓷茶具多变和多样的造型、神秘的釉色、寓意丰富的纹饰，坚硬光洁的釉面下柔软迷离的气泡和天马行空的开片，令无数人沉迷其间无法自拔。

透过小小一只茶杯，一片茶盘，一件水盂，均可见中国陶瓷历史纵横之深远、幅员之辽阔。

◦ 青花茶具

青花系用钴料在瓷胎上绘制图案，挂上透明釉后烧成，釉下呈现白地蓝花，“青花”已成为中国文化的符号。元代以后，景德镇的青花瓷烧造工艺成熟，在瓷器上用彩绘装饰的手法替代了在瓷器上刻画的装饰手法，青花瓷的生产成为主流，也为景德镇带来了空前的繁荣。青花瓷明净、素雅，有水墨画的美感，从而成为最具民族特色的瓷器。

> 青花釉里红，是元代景德镇又一重要发明。釉下的红是用铜红料和钴料在瓷胎上绘制，高温烧制，在还原焰环境中，铜呈现艳丽的红色，与青花的蓝色相辉映。釉里红烧成难，颜色越鲜艳越难得。

tips：氧化焰、还原焰、中性焰为专业烧制瓷名词。

青花盖碗

青花茶叶罐

青花瓷工艺有手绘、贴花和印花三大类，贴花青花图样清晰，规格统一。印花青花线条简练，画面规整；青花发烧友更爱手绘的青花，画面疏密浓淡，生动活泼，每件都是唯一孤品。

青花品杯

斗彩，明成化年间创制，是成化瓷器最主要的成就。釉下青花釉上五彩或釉上粉彩争奇斗艳。

◦ 白瓷茶具

施白釉的瓷器称白瓷或白釉瓷。白瓷初见于北朝后期，成熟于隋代，因瓷坯含铁量低，施纯净的透明釉烧制，烧成后胎质洁白，釉色纯净，可谓瓷茶具中的传统品种。尤其明代散茶大兴之后，最能体现茶汤明亮艳丽颜色的白瓷茶杯，和最宜泡茶的宜兴陶壶几乎成了品茶器具之标配，其主流地位和宜茶特性至今无法撼动。

白瓷盖碗

白瓷盖置

白瓷茶叶罐

各种白瓷杯

白瓷杯

白瓷盖碗

白瓷杯收纳于茶杯篓中

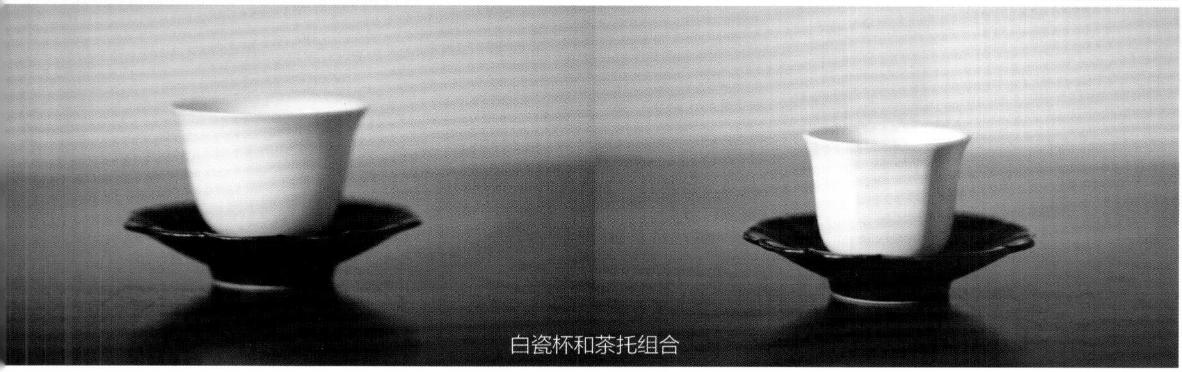
白瓷杯和茶托组合

唐代邢窑生产的优质白瓷代表了当时的最高水平，与越窑青瓷比肩，共为茶具翘楚。元代德化窑白瓷有“猪油白”“象牙白”之称。明代景德镇生产甜白，这些都是中国白瓷中具有代表性的品种。一款洁白轻薄、器形优美的白瓷品杯是茶席上宽容度最大的主角，虽为简单的“白瓷”，但色调的差异、杯形的细微差异和大小的差异均可谓千差万别。

油滴建盏外壁细节

◦ 建盏

宋朝时，日本僧侣在中国留学，回国时带走的黑釉建盏，称“天目茶碗”或“天目盏”，此后天目茶盏被日本视为国宝，日本多个流派仿制天目茶碗。其实这所谓的“天目盏”就是黑釉建盏，宋元黑色结晶釉也被称为天目釉。

建盏出自建窑（建窑是宋代名窑），窑址位于现在福建建阳水吉镇。建窑主产黑釉茶盏，即“建盏”。建盏胎乌泥色，釉面呈现细条纹或点状结晶，按照结晶形状，如白毫状的被命名为“兔毫盏”；隐隐如银色小圆点的为“油滴”；如鹧鸪羽毛斑纹、玳瑁花纹的的则称 “鹧鸪斑”“玳瑁”。宋代茶人最爱兔毫盏，蔡襄在《茶录》中说：“茶色白，宜黑盏。建安所造者绀黑，纹如兔毫，其坯微厚，熁之久热难冷，最为要用。出他处者……斗试家自不用。”可见宋代人斗茶时要依据茶碗边白色的茶沫观察茶色，所以黑色釉茶碗最受喜爱。明代以后，泡茶方式发生变化，黑釉茶杯不利于观察茶汤色泽，所以建窑没落，建盏在相当长的时间里不再是主流品种。近年来，“天目”重新进入人们视野，其炫丽、晶亮的结晶纹路从碗底发散，魔幻、多变，令许多具有复古情结的茶痴们爱不释手。

中国天目瓷分为宋天目、建盏天目、吉州天目、河南天目、山西天目、华北天目，其中宋天目、建盏天目为最佳。现在，除建阳以外，日本、台湾均有工艺师仿烧天目瓷，日本仿烧天目瓷比较有名的有濑户天目、信乐天目、龙山天目、唐津天目等。

建盏

玳瑁釉天目盏细节

玳瑁釉天目盏

兔毫建盏

红网天目盏

◦ 仿汝窑茶具

汝窑是宋代名窑，窑址位于现在河南宝丰境内（宝丰地区在宋代属汝州）。原为烧制印花、刻花青瓷的民窑，北宋晚期宫廷命令烧制专供宫廷御用的青瓷，史称“官窑汝瓷”。汝窑瓷器釉色呈淡天青色，以釉质釉色为重，造型规整，大不盈尺，以不加装饰纹样为特点，素雅高贵。汝窑的烧造历史很短，故传世器物极少，异常珍稀。

仿汝窑杯、仿汝窑壶、仿汝窑香炉

仿汝窑壶

各种仿汝窑杯

“仿汝窑”茶具一出现就博得了很多茶人的喜爱，其安静沉稳的一抹淡青和经典的仿古器形均令很多茶痴爱不释手，虽然在胎质、釉色、光泽等方面与传说中的汝窑瓷器不尽相同，但并不妨碍我们从仿汝窑茶具中窥得一丝真汝瓷的风采。
仿汝窑盖碗

◦ 龙泉窑茶具

龙泉窑青瓷是在瓷胎上施含铁的釉，烧成后即呈青色。青瓷最早发现于浙江上虞一带的东汉瓷窑。

龙泉窑是宋、元名窑，窑址位于现在浙江龙泉。南宋中期烧制出著名的粉青釉，宋末元初烧出厚釉梅子青釉。据明代人传说，宋代龙泉有兄弟二人烧瓷，分别称为“哥窑”“弟窑”。哥窑的黑灰胎有“铁骨”之称；釉色以灰青为主，以纹片为装饰，有“金丝铁线”等名称。弟窑典型瓷器即为粉青、梅子青品种。一般认为“弟窑即旧的龙泉窑，更能代表宋时龙泉窑青瓷之美。”

现在烧制的龙泉青瓷胎体厚重，釉水肥厚，丰满富贵，清雅怡人。

各种青瓷品茶杯和公道杯

各种青瓷品茶杯

陶茶具

陶茶具是用粘土烧制的茶具。由于粘土所含各种金属氧化物的成分、配比不同、烧造工艺不同，陶器能呈现出红、褐、黑、白、灰、青、黄等不同颜色。

陶茶杯

陶茶壶

陶公道杯

陶茶壶

陶煮水壶

各种陶茶具

一席陶茶具，古雅深沉

陶茶具首次记载于晋代杜育的《荈（chuăn）赋》“器择陶拣，出自东瓯”。陆羽《茶经》中，陶茶具有熟盂等。除江苏宜紫砂陶外，钦州坭兴陶茶具、潮汕红泥茶具等亦久负盛名。此外，各地的陶艺师作品异彩纷呈。他们用多变的造型、釉彩和烧造方式，获得了各种独特的造型、颜色和完全不同于瓷器的质感，用陶泥质朴的语言唤起人们心中对泥土的情感，使之在茶具中担当着更具艺术气息角色。

玻璃茶具

玻璃古代叫琉璃，唐代时就已被宫廷匠人用来制作茶盏托，可见以玻璃为时尚还不是今日之事。

我们的眼睛都会被闪亮、透明的东西吸引。玻璃通透，在解决了耐热性和纯净度的问题后，玻璃茶具必然成为茶具中重要的组成部分。用玻璃可以制作更多样，时尚、更简洁的器型，可以一览无余地展示茶汤的色泽、茶叶的完整程度和细节处。玻璃茶具将泡茶人对“洁净”的要求呈现在茶桌前，考验着使用者的审美、茶桌器物的搭配品位，可谓直指茶心。

在所有玻璃茶具中，玻璃公道杯是目前最具特色的品种。

玻璃高腰锤纹公道杯

玻璃盖碗

玻璃粗矮锤纹公道杯

玻璃锤纹品茶杯

第4章 茶具 各司其职

茶叶接近今天的样子是从明代散茶大兴开始，适合泡饮散茶的器具在爱茶人的精心侍弄下不断地改进，功能越来越精准细化，造型越来越典雅优美。茶具在茶席上各司其职，使泡茶成为令人享受的时光，茶席的美感被大大提升。器物之美把茶的清净娴雅突显到极致。

微信扫描书中含“ ”图标的二维码
听中国茶故事，品历史悠久茶文化
另配中国茶事交流群

老锡茶叶罐和竹茶则

煮水器

○ 煮水壶、炉

◆ 名称

炉、壶。

◆ 司职

煮沸泡茶用水。

◆ 协同

炉有电炉、炭炉、酒精炉，壶有陶壶、铁壶、玻璃壶、锡壶、银壶等，最常用的是电加热的不锈钢随手泡，最传统的是潮汕泥炉加玉书碨，用橄榄炭。

电磁炉搭配平底金属壶具，电陶炉搭配多种材质壶具；陶制煮水器搭配陶炉；不锈钢与电热炉搭配使用；铁壶、银壶、锡壶搭配电陶炉，还可搭配炭炉和酒精炉等明火热源。

玻璃煮水壶

纯银煮水壶

不锈钢煮水壶

◆ 点评

电陶炉能搭配多种材质、款式的壶具，很有人缘。电热随手泡还是最常见的煮水器，很多人在用随手泡煮开水后将水注入电陶炉上的陶壶或铁壶、银壶中继续烧沸以提高水温。潮汕泥壶和泥炉最为奢侈，使用率不高，但“潮汕四宝”总能令人怀想明朝人宽袍大袖在溪边煮水烹茶的场景，用其烹茶虽费时费力，但他们仍是茶人心目中的梦想组合。

潮汕白泥风炉和煮水壶、橄榄碳

泡饮器

◦壶、杯

◆ 名称

壶（茶壶、急须）、杯（茶杯、品杯）。

◆ 司职

泡茶，饮茶。

协同

茶叶入壶时与茶则、茶匙协同；茶汤倒出时多会先入公道杯。

◆ 点评

壶尚紫砂，因其材质原始，设计制作有文人参与，因而更富有人文内涵，加之特殊矿泥所具有的通透特质，可使泡制的茶汤更香醇。自明代散茶大兴，紫砂器流行后，紫砂壶就一直是国人泡茶壶具的首选。此外，瓷壶最常见，瓷壶不会“私藏”茶的香气，且造型、釉色之美同紫砂壶一样，都具有典型的中式美感。另外，宜兴以外的陶壶、玻璃壶等也是人们常用的泡茶用具。

茶杯尚细瓷，唐代茶人爱青瓷，宋代点茶首推建盏，明清以降，青花、斗彩、颜色釉、粉彩茶杯等陆续涌现，异彩纷呈，近来，除上述品种以外的仿汝窑茶杯、龙泉窑茶杯、建盏、造型有别样之美的各地柴烧瓷茶杯等，也给茶台添加了无限风景。而品相好、格调高的老瓷茶杯因尤为难得而备受热宠。茶杯比茶壶更具有赏玩的便易性和丰富度，是所有茶人的心头爱物。茶杯的材质、薄厚、高矮、大小，对茶汤有着十分微妙的影响，个中差异，只有爱茶杯的人才能悉心体会。

瓷壶和瓷杯

○匀杯、过滤网

◆ 名称

匀杯，又称公道杯、茶盅、公杯。过滤网，又称茶滤网。

◆ 司职

均匀茶汤浓淡稠薄，帮助沉淀或配合过滤网过滤茶渣，顺便稍稍令茶汤降温。

过滤网是用来将茶叶和茶汤分离开的。

◆ 协同

上承茶壶中倾出的茶汤，下接品杯分出的茶汤，需要时可加上过滤网滤去茶渣。

银质过滤网和玻璃公道杯

◆ 特色

公道杯最大的功德在于使茶汤与茶叶分离后和被味蕾宠爱前有个舒适的容身之处。公道杯为台湾茶人对现代泡茶工具的贡献，最初是紫砂质地为多见，与紫砂壶配套使用，到现在样式已是百花齐放，与茶壶争奇斗艳。个性化陶艺公杯、晶莹剔透能把茶汤一览无余的玻璃公杯、瓷公杯等，可选择余地甚多，更有日本陶艺师贡献的片口公杯，可让茶汤收放更加精巧自如。

过滤网的出现，为品饮紧压黑茶、碎茶等贡献巨大。它能起到过滤茶渣的作用，使得茶汤清亮透澈。

洁具

◦ 水盂、建水

◆ 名称

建水，又称渣斗，与水盂、茶洗、水洗功用相同。

◆ 司职

用来承载残余茶水和茶渣的容器。

◆ 协同

建水是茶席上泡茶人一侧必备的器具。茶席中用壶承取代茶盘的干泡法，建水作为茶席和干泡茶盘的配角，不管是美观度还是实用度，都起到非常重要的作用。

◆ 点评

建水是容纳残茶水和茶渣的容器，同时也是茶桌上的赏玩器具之一。在隐藏残茶的同时，也存在“养”这一说，如紫砂制建水使用精心、清洁及时，久用如同养好的壶一样润泽可爱，金属建水亦同样。

铜质建水

紫砂水盂

仿汝窑水盂

茶叶沫水盂

铜质建水

壶垫

◆ 名称

壶垫又名养壶垫。

◆ 司职

用来放置在茶盘、壶承上，承接茶壶，给茶壶一处舒适的安身之所，避免磕碰、隔离茶水浸泡。

◆ 协同

壶垫的重要作用有二，一是为了避免壶底长时间浸泡水中，避免壶身下部和壶底“养花”；二是为避免壶底与壶承等发生磕碰。最佳的壶垫应吸水性好，久用不腐，不生异味，还可吸纳茶汤的颜色而逐渐变深。丝瓜络是近来较常用的垫材，浸水后柔软，久用被茶染成棕色，可窥见岁月光阴的流转。

◆ 点评

壶垫的材质最常见的有布、麻、蔑、藤等。现在市场上丝瓜络壶垫大行其道，成为茶人的最爱，其材料天然，水湿后服帖，如同茶壶的布履，舒适合脚。其他如纸、棉、麻等壶垫，使用后应尽量晾干。藤制壶垫不怕水，但较硬、不贴合，更适合放置烧水壶。

纸制壶垫

丝瓜瓢壶垫

◦茶盘、壶承

◆ 名称

茶盘，叫“茶船”或者“茶洗”。

壶承，又名壶托。

◆ 司职

茶盘，分单层和双层，用来盛放泡茶所需的各种茶具，如紫砂壶、公道杯、品茗杯等；可以盛放或导引泡茶所产生的废水，小型茶室可以直接用茶盘替代大茶桌。

壶承，干泡茶席必备用品，用来承载温壶和冲泡时多余的茶水。仅容纳一茶壶的小盘也可活用为泡茶时承放茶壶的壶承，有些称为“急须台”的小盘即是如此。

◆ 协同

茶盘较为多见的是竹、木、石、紫砂等材质，多有干湿分区。

壶承近几年样式越来越多，有紫砂、陶土、瓷质、锡、铁等。紫砂壶承在使用时同紫砂壶一样，也需要养护；陶土的壶承容易在表面上附上茶汁，用完要及时清洗；瓷质的茶盘或壶承容易清洗，更显洁净。壶承外形典雅大方，有盘形、碗形或花形等。因居于壶下，一片素雅美观的壶承同样是茶席上的亮点。

与茶盘、壶承搭配使用的，是各种不同材质、不同大小、不同形状的壶垫。

陶壶承和陶壶

◆ 点评

20世纪80年代，台湾茶人以壶承取代传统潮汕工夫茶中的茶盘，以温壶内部代替淋壶外壁，使干泡法逐渐被茶人接受和使用。自此，壶承成为茶席中主角——茶壶的舞台，一来衬托茶壶的色泽和外形，二来承接残余茶水，以中间高起的放壶位置或平盘中的隔垫避免壶底浸泡，也使茶席不再茶汁淋漓。

石制茶盘

陶制壶承

紫砂制壶承

木制壶承

陶制壶承

陶制壶承

◦茶托

◆ 名称

茶托又称盏托、杯托。

◆ 司职

用来盛放杯子的小盘，奉茶用，也可保护桌面。茶席上，茶托是重要的茶道具，可以让人在持拿茶杯时不致烫手，并可收集从茶杯中溅出的茶汤，保持茶桌洁净。

茶托

◆ 协同

茶托要跟品茶杯相搭配使用，所以茶杯的高矮、大小、材质等应与茶托相谐调。茶托有竹、木、瓷、紫砂、铜、锡等材质。除配套生产和出售的茶杯和杯托外，若为现成的茶杯，调选茶托，则需注意茶杯与杯托在材质、颜色、器物形状等方面是否配套，以及茶杯放入后是否易取，茶杯与茶托是否稳定、贴合。

◆ 点评

茶托虽小，但杯与托共用，却是历史悠久。在东晋、南朝的古墓中均有茶托出土，迄今为止的考古发现证实，茶托始见于晋，发展于南北朝，流行于唐宋。传统的盏托多为圆形或舟形，中间有突起的托圈，与杯底吻合。唐宋的荷叶形、莲花形、菱花形等盏托优美得不可方物。宋代申安老人还给茶托取名：姓为“漆雕”，名“承之”，字“易持”，官名“秘阁”。

从古至今的茶桌上，茶托从来都不是配角。

木制茶托

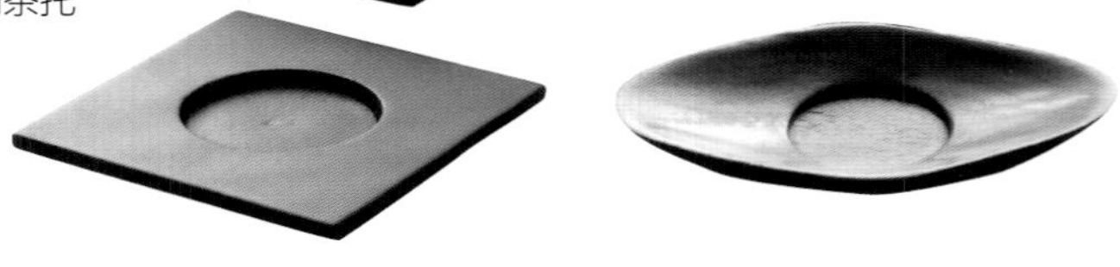

茶巾

◆ 名称

茶巾无别名，或可叫“巾”。

◆ 司职

清洁用具，主要用来擦拭壶壁、杯壁的水渍或是茶渍。

◆ 协同

茶巾与壶、杯等搭配使用，常用的有棉、麻等材质。茶巾有印花和素色之分。一定要挑选吸水性较好的，然后还得考虑茶巾与自己的茶具、茶席等的和谐搭配。

◆ 点评

茶巾的使用方法是右手拇指在上，其余四指在下托起茶巾，交到左手上，右手持器具。茶巾只能用来擦拭茶具，不可直接拿来擦拭茶桌上的污渍、茶汤等。茶巾用完后就要及时清洗，摊平晾干，以免滋生细菌。最好不要用洗涤液浸泡清洗。

茶巾的折叠，将茶巾等分成三段，先后向内对折。再等分三段重复以上过程即可。折叠好的茶巾，将有缝隙的一面朝向冲泡者放置。

茶巾和茶巾使用

辅具

○ 茶道六用

◆ 名称

茶道六用、茶道具、茶艺六君子。

◆ 司职

茶道六用有五小件，分别为茶匙、茶针、茶漏、茶夹、茶则，加上茶筒共六件。每种道具各有用途，功能不可替代。

茶匙和茶荷协同合作。用茶匙来把茶叶从茶荷中拨到泡茶的器具里（壶或杯子）。

茶针与茶壶协同合作。用茶针来疏通壶嘴；茶漏与茶荷、茶壶协同合作。将茶漏放到壶口便于把茶叶从茶荷放入壶中；茶夹与茶杯协同合作。用来夹取茶杯；茶则与茶叶协同合作。用来盛放茶叶，展示给品茶者看；茶筒与其他五件茶艺君子协同作用，用来盛放以上五件茶艺用品。

◆ 协同

茶则自茶仓中取茶，后与茶匙协作把茶放入泡茶器具中；茶针是壶流与壶身处的疏通工具；茶漏上承茶叶，下接壶口；茶夹常与茶杯亲密接触；茶筒收纳五者。

◆ 点评

茶道六用的质地多为木质，有黑紫檀、鸡翅木、绿檀木、复合木、铁梨木、竹木等。现在的茶桌上最常摆放的是茶则、茶匙组合，其他用具已不常用到。

茶则

茶道具

◦ 茶荷、茶则

◆ 名称

茶荷又名赏茶荷。

◆ 司职

茶荷用来取用、盛将要沏泡的干茶，与茶则有同样的作用。在茶艺表演中，两者也用来欣赏茶叶。

◆ 协同

茶荷主要是用来把茶叶从茶仓中过渡到茶壶中，以及用来鉴赏茶叶。选用茶荷要考虑茶叶的外形、颜色。茶荷更兼具赏茶功能，供客人鉴赏茶叶时，左手的拇指和其余四指应分别握住茶荷，右手托住茶荷的底部。

◆ 点评

美的茶荷，美的茶叶，一定可以让泡茶人和喝茶人的心情也好起来。茶荷与茶则功用一致，茶则多为长条形，像一叶小舟，多用竹、木、金属制作；茶荷更物如其名，像卷起的荷叶，多为瓷质。两者均可作为茶桌上的工艺品而存在。

竹茶则

用竹茶则取茶入壶

◦ 盖置

◆ 名称

盖置，又名盖托。

◆ 司职

承放壶盖的器具，使壶盖在取下后保持洁净，并在泡茶时使壶盖免受磕碰。

◆ 协同

盖置分两种，一种用于放置泡茶壶的盖子，一种用于放置煮水壶，特别是铁壶的盖子。盖置很专一，它貌似孤独地立在茶壶的旁边，不显眼但也有存在的理由。如果没有盖置，很多泡茶人都有把壶盖放在“地上”的错觉。

◆ 点评

一个美观大方的盖置，也会为整个茶席增色不少。因为美好的东西总是令人愉悦。实用、美观的盖置也必然是茶客们必须精心挑选的器物。

盖置的材质多样，有木、竹、陶、瓷、铁（铁壶盖置）等。盖子放在盖置上要轻拿轻放，用过要清洗。

陶盖置

◦ 茶刀

◆ 名称

茶刀又名普洱刀。

◆ 司职

茶刀在解散紧压茶时才能显出它的不可替代性。茶刀最初仅用于解散普洱茶，现在适用于一切紧压茶的解散。

◆ 协同

把茶刀从茶饼侧面沿边缘插入，稍用力，把茶刀再往茶饼里推进去些，顺着茶叶的条索方向插入，之后轻翘，一层一层地撬开，茶饼就可以慢慢被撬散了。

◆ 点评

常见的茶刀是不锈钢的，比较有特色的如大马士革钢茶刀。茶刀比较锋利，容易插入茶饼，但也容易伤手，使用时还需小心。

用茶刀解茶

◦ 小茶秤

◆ 名称

小茶秤，又名迷你秤。

◆ 司职

精确称量每一泡茶叶的投放量。

◆ 协同

茶秤一般怀抱茶荷或茶则，把茶荷或茶则放在茶秤后归零，取茶叶放入茶荷或茶则中，量取合适的克重后，将茶叶倾入茶壶。

◆ 点评

小小茶秤用处大，对茶叶量质不太准的泡茶者来说，茶秤的精确度是值得称赞的。加上其外形小巧、精致，携带方便，实用性强，是初入茶门必备的工具之一。

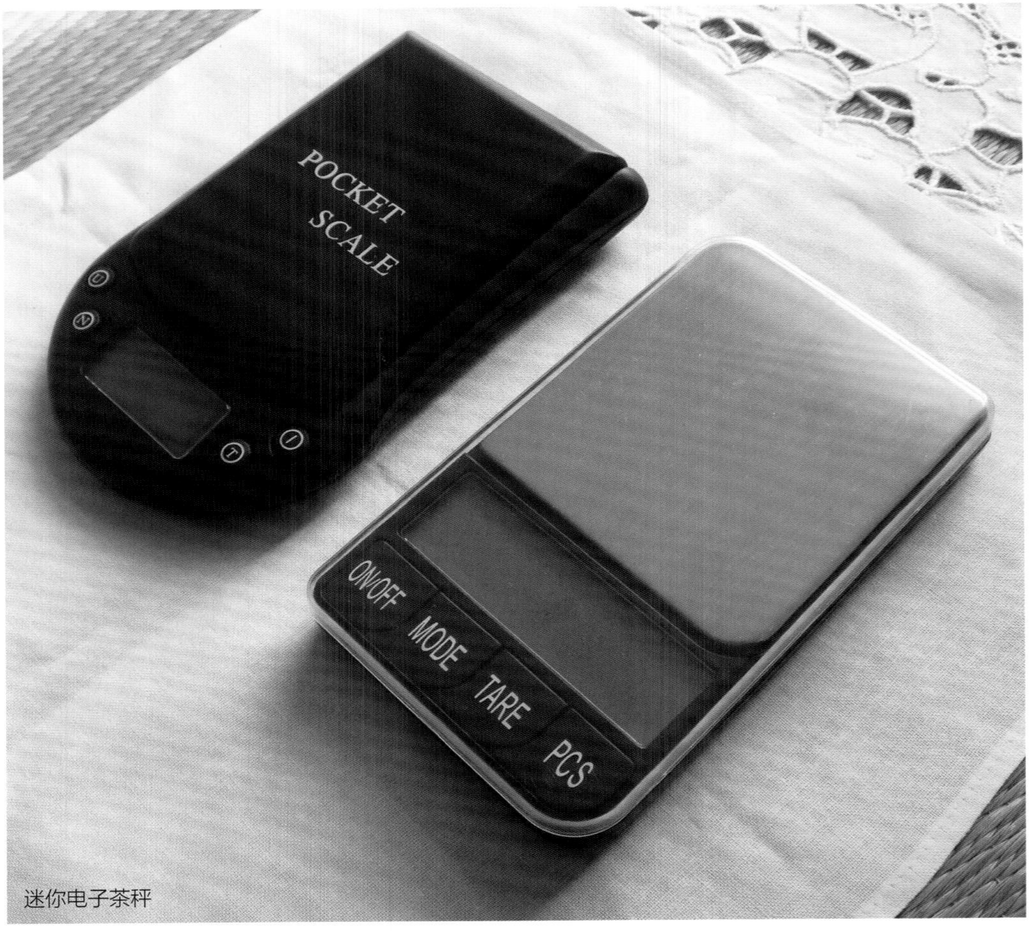

迷你电子茶秤

收纳工具

◦茶棚

◆ 名称

茶棚。

◆ 司职

立于茶桌旁的小桌上，或茶桌上，体积小巧，用于收纳、展示茶席所用的小茶具。

◆ 协同

收纳体积较小的茶具和辅助茶具。

◆ 点评

茶棚小巧精美，多用竹制成，讲究的用湘妃竹制作，也有用木制作的。放在茶桌周围可收纳茶具，放在书桌上则化身为文房用具，小水盂、砚、笔、墨等文房用具也与它气质相投，实用度高、装饰效果佳。小者为茶棚，大者为茶柜。

茶棚小巧精美，多用竹制成，讲究的用湘妃竹制作，也有用木制作。

第三篇 茶之饮

第1章

泡茶方法的演变

茶叶从被发现至今的5000余年中，中国人对茶叶的利用经历了采摘鲜叶生吃、采摘鲜叶晒干后煮饮（泡饮）、对鲜叶进行精细加工后煮饮（泡饮）到今天各种方式的煎煮、泡饮，再到茶叶深加工后衍生出各种含茶饮料。茶叶的饮用方法走过了纷繁多彩的历程。现在，中国人喝茶以泡饮为主，对一些茶种有些人喜欢煮饮，西南少数地区仍保留着生吃茶叶或以茶入菜的方式，茶饮料也日渐成为时尚健康饮品的重要组成部分。

微信扫描书中含“ ”图标的二维码
听中国茶故事，品历史悠久茶文化
另配中国茶事交流群

明 · 仇英　松亭试泉图

生食茶叶

传说，神农尝百草，一次中毒后随手摘下身边的树叶放在嘴中咀嚼，竟意外发现茶叶可以解毒，于是茶叶偶遇神农氏成为人类发现、利用茶叶的开始。今天生活在湖南、湖北一带的土家族按照习惯改良的擂茶（即以茶树鲜叶、生姜、生米等为原料擂碎后饮用），仍保留着较为原始的方式，而从云南布朗族的酸茶、基诺族的凉拌茶中也能看到生食茶叶的遗风。

随着人们对茶叶需求的逐渐增加，取用茶鲜叶受季节限制无法满足人们的需求时，人们就开始想办法保留一些茶叶以便随时取用，于是简单的茶叶加工开始了。

煮饮茶叶

把鲜叶摘下来烤一下（类似于后来茶叶加工工艺中的“杀青”），之后煮饮；

将茶叶夹入铁壶煮饮

或者把茶鲜叶晒干（这就是原始的晒青了），之后把干茶叶保存起来，想喝的时候拿出来煮饮，人对茶叶的利用前进了一大步。前者到现在仍可见于中国西南茶叶原产地，堪称保留至今的古法。

此后煮茶饮用经历了很长的历史阶段，且有些地区将茶与食盐、姜、陈皮、桂叶等同煮，全不似现代人的清饮。

最早对煮茶的方法及过程进行详细记述、说明的是中唐时期陆羽的《茶经》。从煮饮茶叶开始，茶叶在解毒、清火等功能性以外的东西开始显现——自然质朴的香气、美妙的滋味，人们对茶叶的探索、迷恋之旅渐行渐深。

煎茶

饮茶之法与茶叶的形态有直接关系，茶叶加工逐渐精细化，饮茶方式也在逐渐精细化。对饮茶的方法，唐代以前没有专门记述，唐代陆羽在其《茶经》中详细记述了当时经他整理而成的煎茶法。至唐代，中国人饮茶已3000年左右，品茗艺术和茶饮文化由陆羽及其《茶经》开启。

唐代煎茶选用蒸青工艺团饼茶（绿茶），煎煮前需用竹夹夹住饼茶在火上烤炙，除去储运过程中产生的水分和杂味，然后放入茶碾中，碾成细米状茶末待用。煎茶对择水、煮水的火候乃至燃料都有较高要求，《茶经》中对泡茶烧水中的“三沸”是这样描述的：其沸，如鱼目，微有声，为一沸；缘边如涌泉连珠，为二沸；腾波鼓浪，为三沸。以上水老不可食也……煎茶要水“一沸”时放一点盐，“二沸”时先舀出一点水，后搅动沸水至水中心形成一个漩涡，把茶投入漩涡中心，待水“三沸”时将“二沸”时舀出的水倒回釜中，之后分茶入碗饮用。一般一次煮水1升，分茶3~5碗。煎茶可谓唐代最时尚的泡茶方式，为宫廷、士大夫和文人所热衷。泡茶法也是从唐代始有规制。

TIPS：

煎茶和煮茶的区别，可以简单地这样理解：较原始的煮茶，使用的是简单初加工的茶叶，煮茶对水和茶的多少、水的温度、茶叶的投放时间、煮茶时间的长短没什么讲究，通常煮茶时间较长，比较粗放和随意；煎茶，使用的是精细加工而成的绿茶饼茶，要求在水煮沸过程中的某个时间点，即“二沸”时放入茶叶，且投茶前对茶叶有个处理过程（烤、碾碎、过箩），投茶后立即分入茶碗饮用，煎煮茶叶的时间很短。

点茶

宋代是一个全民尚茶的时代，全民上下嗜茶，一个最有趣的例子就是爱茶的皇帝宋徽宗赵佶，他不仅爱点茶、爱喝茶，还留下一本著名的茶书《大观茶论》，对当时茶叶的产地、采制、品鉴、器具等进行了全面记述。

宋代龙团凤饼最为著名，其采制之精超越前朝，点茶法也比唐代煎茶法更加讲究。需把茶饼炙烤、碾磨，用箩筛出细细的茶粉，烧水候汤，用恰好三沸的水冲点茶粉，然后用茶筅快速击打茶水，让茶与水交融并出现大量白色茶沫，以品鉴茶的色、香、味。

宋代文人雅士喜欢斗茶，点好茶后比较各自茶汤及咬盏时间，猜测茶的产地、采摘时间，并鉴水。此外还留下关于“茶百戏”（分茶）的记载，点茶后的茶沫会组成图画或文字，转瞬即逝，甚是奇妙。

因鉴茶色和茶沫所需，宋代建窑的黑色茶盏成为最令人瞩目的器具之一——一种最专注于茶，为茶而生，以茶驰名的茶具，被日本留学僧人从中国带回日本。

TIPS:

日本抹茶道就是深受中国宋代点茶影响而形成的，由日本镰仓时代的荣西禅师带入日本，后经村田珠光、武野绍鸥、千利休等人不断总结发展，融入日本本土文化和礼仪，最终成为极具特色的日本抹茶道。抹茶使用的茶是蒸青绿茶中的一种。日本茶道的另一主脉是煎茶道，从江户末期开始流行于日本，是生于中国，后去日本弘扬佛法的隐元禅师带入日本，经日本煎茶道始祖卖茶翁柴山菊泉、田中鹤翁等人的不断完善而确立，至今仅百余年历史。抹茶道繁复的华美，提倡“和敬清寂”；煎茶道简洁自由，提倡“和静清闲”。两者构成了日本茶道文化的主体。

南宋时期，日本僧人到中国天目山、径山等地游历，带回日本三样宝贝：天目尺八（箫）、天目柳杉、天目盏（黑釉茶碗）。

泡茶

泡茶又叫撮泡。中国的历史进程走入明代，明太祖朱元璋出于减轻茶农负担品味茶之真味的目的，“罢造龙团”，不再提倡经反复榨茶和搓揉、研、压，反复焙制而成的团饼茶，而是大兴散茶，“惟采芽茶以进”，划时代地使散茶成为主体，而且现在我们饮用的各种茶类，绿茶、黄茶、白茶、黑茶、红茶、乌龙茶、花茶等也都陆续登场。

适用于散茶的饮茶方法即为泡茶，用沸水直接冲入茶叶中，茶具也随之变化，以盖碗和茶壶冲泡，再倒出茶水用小杯品饮。我们现在主要的泡饮方式就延续了明清以来的饮茶法。

现代饮茶

盛世兴茶，自20世纪70年代末期改革开放以来，茶饮文化随着经济发展而日渐繁荣。泡茶饮茶的方法越来越多样化、个性化，冲泡、焖泡、煮饮，三两好友兴之所至、随心而饮。20世纪90年代，含茶饮料问世了，饮茶也“移动化”了，这是中国饮茶史上，继泡茶法后的又一次变革。

虽然电热炉大行其道，潮汕风炉仍是现代茶席中备受喜爱的茶器之一

第2章 泡茶的要点

泡茶之“法”，全在如何满足自己的心。茶水里有苦涩香甜，泡出的茶水的滋味和茶的香气与和茶与水亲密接触的每一个细节密切相关，因此千人泡茶千种味，每人都有自己的一杯茶，大家泡茶，都在泡自己的那杯茶，寻自己心里的那种香。

微信扫描书中含“ ”图标的二维码
听中国茶故事，品历史悠久茶文化
另配中国茶事交流群

淋壶

冲泡要点

◦ 泡茶前温烫茶具

泡茶前先用沸水温烫茶壶、盖碗和茶杯，除再次清洁器具外，更重要的一个目的，是提高茶具的温度。

一般情况下，沸水冲入冷容器中，温度会降低10~20℃。如冲泡对水温要求较高的乌龙茶，事先温烫茶具可提高茶具温度，有利于正式泡茶时水温的保持，也就保证了茶叶中遇热挥发的那部分香气物质的释放。因此泡茶前这一步并非可有可无，即使冲泡细嫩的绿茶，需要将沸水晾至80℃左右，冲泡前的温杯也出于同样理由而不应忽略。

◦ 投茶法

杯泡绿茶时，需根据茶叶的细嫩程度，来选择投茶方法，一般来说，有上投法、中投法、下投法三种。

上投法：先向杯中注入热水至七分满，再将茶叶投入水中的投茶法。少数外形紧实、细嫩的绿茶采用上投法冲泡，如碧螺春。而外形松散的茶叶忌用上投法冲泡。

中投法：先向杯中注入1/3杯热水，投入茶，再冲水的投茶法。名优细嫩茶叶杯泡时多采用中投法冲泡。或者先投茶，再

投茶入壶

冲入少量热水浸润茶叶片刻，让芽叶舒展，再冲水至杯七分满。后浸润茶叶。

下投法：先放茶叶，再冲水至茶杯七分满的投茶法。下投法是生活中惯用的投茶方式。壶泡茶和盖碗泡茶均为下投法投茶。

◦ 冲水法

◆ 高冲水：高冲水，即悬壶高冲，向壶（杯）中注水时，提高水壶，水流不间断、不外溢，目的是让茶叶在壶中上下翻滚，有利于茶汁快速浸出。

◆ 凤凰三点头：潮汕工夫茶冲水时，拉动手臂，有节奏地连续上下拉动三次，水流不间断，水不外溢，冲水量恰到好处，即“凤凰三点头”。茶叶随着水的注入，上下回旋，茶汤迅速达到浓淡一致，同时也是向品饮者致意，以示礼貌与尊重。

潮汕工夫茶中的顺时针分茶

◆ 环绕壶口注水：对一些对水温要求较高的老茶（如陈年黑茶），可投茶后水流沿着壶口或盖碗边环绕注水，使水一半流入壶中，一半顺泡茶器具外壁流下，随时温烫茶壶或盖碗，以最大限度地保证较高的水温激发茶叶中的香气和热熔性物质。

◆ 浸润式入水：在冲泡茶膏等茶叶精华提取物时，可在充分温烫盖碗的情况下（或采用两个盖碗叠放，外面的盖碗与泡茶的盖碗在温烫后，在两者空隙中注满沸水），盖好碗盖，环绕盖子的边缘，将沸水沿盖子与碗的缝隙注入。

◦ 泡茶法

◆ 冲：冲泡某些细嫩的红茶时，可将茶叶放入滤网中，用沸水慢慢冲淋茶叶，茶汤从滤网下流出。这样泡茶时，水与茶叶结合的时间相对较短，茶叶中一些单宁类等物质不会充分溶出，故茶汤更显甘甜。

◆ 泡：沸水冲入后即倒出茶汤。现代茶叶加工中，除传统工艺白茶外，大都会经过揉捻的工艺，对茶叶组织有一定破坏，茶叶内含物质无需更多时间焖泡就可以迅速溶出，因此大多数茶叶都可以这样冲泡。

◆ 焖泡：对某些内质丰富的自然发酵茶叶（如老白茶）和部分黑茶（如茯砖茶），长时间的焖泡可以得到风味浓厚的茶汤，与冲泡的茶汤风格迥异。

◆ 煮：对上面提到的白茶、黑茶与发酵老茶，煮饮也非常适合，茶汤香气和滋味会更浓郁。

水温

水温直接影响茶叶内含物质的浸出。如果水温过高，茶叶内含物浸出快，茶叶是被“烫熟”，影响茶汤颜色，且滋味苦涩；水温过低，则茶叶内含物难以浸出，香气物质难以挥发，茶汤寡淡。一般掌握水温的总原则是：原料细嫩，茶叶松散或经切碎的茶叶，冲泡时水温宜稍低；原料粗老，茶叶紧实的，冲泡时水温宜高。

◆ 细嫩、名优茶，无论细嫩绿茶、白茶、黄茶还是红茶、普洱生茶，都宜将沸水晾至80~85℃冲泡。

◆ 普通红茶、绿茶、花茶宜使用90~95℃水冲泡。

◆ 乌龙茶、黑茶宜用沸水冲泡（个别有特殊水温要求的茶种除外）。

◆ 老茶一般原料粗老，宜用100℃沸水冲泡或煮饮。

水温与煮水器具和当地海拔高度有很大关联，一般北京地区随手泡煮水沸腾温度为95℃左右，用来冲泡一般的茶叶比较合适。泡细嫩茶叶需要将水晾至80℃左右。如果想把水真正烧到沸点100℃，则需使用铁壶、陶壶等烧水才能达到。

投茶量

投茶量一般以茶叶与水的比例说明，或以干茶占壶容积的比例来衡量。

①杯泡和盖碗泡，茶叶与水的比例为 1：50，如果茶杯的容积为200毫升，以注入七分满的水量计算，需要3克左右茶叶。

②壶泡，茶叶与水的比例一般为1：30~1：20，如果壶的容积为200毫升，使用6~10克茶叶。将蓬松的茶叶（如岩茶、单枞、寿眉等）填装到茶壶的1/4~1/3；以泡茶用紧结的茶叶（如颗粒型的铁观音、冻顶乌龙等）则将茶铺满壶底部即可。但如制作调饮红茶时可比壶泡的茶量稍增加，或用壶泡茶叶的量稍煮。紧压茶最好借助茶秤，如没有茶秤难以把握时，则宁少勿多，尤其是人工发酵普洱茶。

茶汤的稠厚程度并不完全与投茶量相关。口偏重者，可多放一点茶叶，或提高冲泡时的水温，或将冲泡时间稍延长数秒再出茶汤；喜好清淡者则可做相反的尝试。当然茶水比例与茶类也有密切关联。

浸泡时间

◦ 润茶还是不润

润茶的目的通常有两个，一是冲去茶叶在采制和流通过程中产生的少许灰尘，二是滋润、唤醒茶叶。至于洗去农残的说法不甚科学，茶叶采制前喷施的药、肥经过一段时间的降解，其残留应在国家标准以下；另外，有许多化肥农药为脂溶性物质，不溶于水，怎么可能用水“洗”去呢?

是否润茶，有时候不是问题，比如冲泡大宗茶叶或自己喜爱程度一般的茶叶时，快速润茶，然后冲泡，感觉上茶叶已被唤醒，正干干净净等待着施展。而如果冲泡的是难得的品种或品级高的茶叶，又或者是自己的心头最爱，哪里舍得润茶?通常直接开泡。

茶叶是自然之物，中国人喝茶既讲究又洒脱。有些茶一定要润茶，比如黑茶、久存的茶叶，有些茶可以不润，比如细嫩鲜爽无比的绿茶。如果习惯润茶后再冲泡，就用少量水浸润一下茶叶后迅速将水倒掉，以防止茶叶内含物质浸出过多，损失美味。

◦ 浸泡的时间

在对茶叶品质进行感官审评时，需要将3克茶叶（乌龙茶除外）放入150毫升容量的审评杯中冲泡5分钟，让茶叶中各种内含物质充分释放，之后对茶汤的香气、汤色、滋味和叶底等进行审评。

日常品茶，以舒服、适口、精神愉悦为目的，希望得到几泡水品质均衡，始终如一的茶水。水冲入茶叶中，首先浸出的是令味蕾感到鲜爽的维生素、氨基酸，以及带有刺激感的生物碱，随着浸泡时间的加长，茶多酚、脂多糖慢慢浸出，茶汤的滋味逐渐丰富浓醇。因此，把握恰当的浸泡时间可以令茶汤鲜醇可口，层次丰富，并保持几泡基本一致。

浸泡时间的长短，一般与茶叶加工过程对茶叶表面组织的破坏程度、发酵程度相关，揉捻和发酵越充分，浸泡所需时间越短。如，全发酵的红碎茶，因为经过边揉边切的工艺，茶叶内含物质浸出很快。乌龙茶因经过揉捻和做青工艺，茶叶叶面和叶缘破损，浸出也较快。与之相对的，白茶未经揉捻工序，只在萎凋、干燥过程中轻微发酵，因此内含物质浸出慢，所以白牡丹和寿眉煮饮更佳。

如不考虑冲、焖泡、煮茶的方式，仅考虑杯泡和壶泡，常见茶类可以这样把握：

◆ 普洱茶、乌龙茶、红茶冲水后即出茶汤，后面几泡出茶汤稍缓。

◆ 绿茶、花茶、黄茶、白茶冲水后3分钟左右出汤，细嫩茶时间稍短。如采用冲水即出的方式壶泡，前两泡则可能“淡若秋风”。

◆ 个别细嫩单芽茶冲泡后在杯中根根直立，茶舞翩翩，极富观赏性，其代表品种为黄芽茶君山银针。为了保持其外形优美，加工中未经揉捻，需要比较长的时间茶叶中的内含物质才能浸出，冲泡时间应视茶叶、水温、冲泡中茶叶的变化而定，一般需5~8分钟。

冲泡次数

冲泡时间和次数，与茶叶种类（小叶种茶如龙井、中叶种茶如乌龙茶或大叶种茶如普洱茶）、细嫩程度、水温等冲泡方法相关。茶叶细嫩的一般不耐冲泡，茶叶粗老的较耐冲泡。

经测定，泡茶时，第一泡茶叶内含物浸出能达到50%甚至50%以上，第二泡浸出物占总含量的30%左右，第三泡浸出物占总量的10%左右，第五、六泡，有的茶已经没有什么浸出，有的茶只有茶红素和茶黄素。如此看来，潮汕工夫茶三泡即止自有道理。

◆ 细嫩绿茶、单芽茶、碎茶均1～2泡即好，最多3泡。

◆ 普通红茶、绿茶、花茶3泡左右。

◆ 乌龙茶、普洱茶、正山小种、白茶等3~6泡，个别茶还可以多几泡，白茶泡完还可以煮饮。

茶叶拥有持久的好表现当然好，但耐泡与否不是茶叶品质的主要体现，滋味和香气均衡、醇厚、隽永，回味长久的茶才最令人难以忘怀。

泡茶的诸般技艺都是为了享受一杯清香甘美的怡人茶汤，无论对水温、投茶量的控制，还是对泡茶时间、泡茶次数的掌握，最终都是为了一杯适口的茶水。投茶量与茶叶种类、水温、冲泡次数都有密切关联，最终，当你习惯了某种茶汤的浓度和滋味，泡这种茶的方法就恰到好处。寻找适合自己的茶叶和泡法可以有无数种方式，无数次尝试，在这个过程中，每次都是一种全新的体验和享受。

秋意浓浓之日野外品茶

泡茶之水

在古代，古人对泡茶用水的想象力远大于今日，在没有自来水的时代，一方水土的意义如天一般样大，山泉水、井水自不必说，江河之水还可分上下游、三河中央沿岸之不同，雪水、雨水、露水均可收集泡茶。现在呢？看今天有雅士用新采摘的荷叶茎滤水，就无法不感叹，水，依然可以很讲究和雅致。

◦ 茶人自古痴迷鉴水

“精茗蕴香，借水而发，无水不可论茶也。”（明许次纾《茶疏》）“茶性必发于水，八分之茶，遇十分之水，茶亦十分矣；八分之水，试十分之茶，茶只八分耳。”（清张大复《梅花草堂笔谈》）茶人重水，因为水为茶之母，水是茶的载体，饮茶时愉悦快感的产生，无穷意念的回味，都要通过水来实现。水质欠佳，茶叶中的各种物质难以产生应有的色、香、味，茶汤也就失去了其甘醇、靓丽。

茶与水，有鱼与水之说，有才子佳人之誉。自古以来，茶人对水津津乐道，爱水，追求宜茶之水也到痴迷的程度。唐代《茶经》及此后百余种茶学专著中多有鉴水内容，更有一些著作着重论述茶与水的关系，如唐代张又新著《煎茶水记》，专门论述茶汤与水质、茶汤与器具的关系；明代田艺蘅著《煮泉小品》，是品茶用水专著；明代孙大绶抄录了唐代张又新《煎茶水记》(节录)、宋代欧阳修《大明水

山泉流水

记》和《浮槎山水记》，合辑成一本品茶用水专著——《茶经水辨》。

◦古人鉴水

古人绝不缺乏浪漫之心和创意灵感，风霜雨雪皆能触发他们的情思和遐想，泉水、江水、井水和雨水、雪水、露水等都能用来泡茶。他们也绝不怕麻烦，在交通、信息极不发达的古代，走遍中国，遍尝各地之水，并予以记录、品评、列出好水排名榜单。更有文人那收集梅花上的雪、荷叶上的露珠，仔细封装后埋在地里珍藏几年，只待有足够隆重的理由时方取出烧水，用于烹茶，且不说泡的是什么茶，只这份情怀就令多少现代人羡煞，发思古之幽情。

唐代白居易曾写过“融雪煎香茗，调酥煮乳糜”的诗句，清代曹雪芹的《红楼梦》中有妙玉用在地下珍藏了五年、取自梅花上的雪水煎茶待客的情节。还有露水，是“神灵之精、仁瑞之泽、其凝如脂、其甘如饴”《红楼梦》中妙玉曾用早上刚接的兰花花瓣上晶莹剔透的露水给大家沏茶，那茶香气扑鼻、入口脆爽柔滑。雪水、雨水并称天泉，明屠隆在《考槃余事·择水》中对梅雨、夏雨、秋雨进行比较，认为秋天天高气爽，空中灰尘少，水味“清冽”，是雨水中的上品。

从历代诗歌、茶学著作中均可看出，古代人鉴水的理念是崇尚自然、高洁、纯净、活性，自陆羽始，山泉水一直是泡茶用水的首选用水。

水源中以泉水为佳，科学分析表明，泉水大多出自岩石重叠的山峦，污染少，山上植被茂盛，从山岩断层涓涓细流汇集而成的泉水富含各种对人体有益的微量元素，经过砂石过滤，清澈晶莹。用泉水泡茶，茶的色、香、味可以得到最大的发挥，使泡出的茶色香味俱佳。

陆羽有“山水上、江水中、井水下”的用水主张。清代乾隆皇帝游历南北名山大川之后，按水的比重定京西玉泉为“天下第一泉”。古人还总结出了“龙井茶，虎跑水”“扬子江心水，蒙山顶上茶”等这类茶、水的最佳组合。

TIPS:

并非所有山泉水都可以用来沏茶，如硫磺矿泉水是不能沏茶的。并且，山泉水也不是随处可得的。在古代，中国五大名泉，镇江中泠泉、无锡惠山泉、苏州观音泉、杭州虎跑泉和济南趵突泉都是泡茶好水。

现代宜茶之水

污染导致绝大多数地区均无法再取用雨水、雪水、露水以及江河之水，原本古人的最佳用水多已不能再用来泡茶。

经净化的自来水

目前，用自来水泡茶是很多人的选择，城市中的自来水大都可以达国家饮用水的标准，但是直接用自来水泡茶还是不太适宜。自来水在净化过程中加入了氯气，净化程度偏低，内含矿物质最多，而且经过的管道若被污染，则会含有有害物质，烧开只能杀死其中的微生物，除去其中的矿物质，会对茶叶内含物质有所破坏，所以不建议采用自来水泡茶。建议可以在加热自来水前滴入几滴柠檬汁，烧开后再泡茶，这样能更大程度地保留茶的抗氧化性。

市售的纯净水和矿泉水

纯净水是以符合生活饮用水卫生标准的水为水源，采用蒸馏法、电解法、逆渗透法及其他适当的加工方法制得，纯度很高，不含任何添加物，可直接饮用的水。用纯净水泡茶可以保留茶的本质特色。

天然矿泉水是泡茶的最佳选择。因为天然矿泉水多为没有污染的山泉水，属于通常说的活性软水，水分子小，其中含有的氧化性物质少，泡茶色、香、味俱全。因此，天然矿泉水和茶是最佳搭配。

但是，普通矿泉水中，如含有过多的矿物质就会破坏茶多酚的抗氧化性，影响茶叶的口感。

深井之水

深井之水属地下水，在耐水层的保护下，相对不易被污染。而浅层井水则易被地面污染物污染，水质一般较差。而有些井水含盐量高，不宜用于泡茶。但若能汲得水质洁净的井水，同样也能泡得一杯好茶。

郊外山泉水

郊外、山里，当地居民仍有饮用山泉水和井水的习惯。如果选择自己到野外取山泉水来泡茶，最好是对泉水知根知底，以免泉水受到污染不符合饮用水标准而不知，反而对身体造成伤害。

现代泡茶，一般使用纯净水

第3章

茶礼、茶席

小一方茶天地中汇聚了中国自古以来的四件雅事：烹茶、插花、焚香、挂画，其中三件自成一道，即茶道、花道、香道。在这样的一方天地中，泡茶人有礼、喝茶人亦有礼。

微信扫描书中含“ ”图标的二维码
听中国茶故事，品历史悠久茶文化
另配中国茶事交流群

茶桌礼仪

良好的茶桌礼仪能体现出泡茶者和饮茶者的精神面貌和文化修养。在整个泡茶、饮茶过程中以礼待人，言行举止得体优雅，是茶人必不可少的一项修养。

◦ 泡茶者礼仪

在茶饮场所应格外注意言行举止。站、坐有相，言语得体，举止轻缓，交流得当，和谐是贯穿其间的主旋律。泡茶、饮茶宜动作和缓，无论动、静都应含蓄、温文。

关于仪表礼仪，总体要求是端庄、整洁。

女泡茶者的仪容、仪表

头发：干净整洁；佩戴头花或装饰品要得体、大方，不要过于夸张、艳丽。

眼睛：眉毛得体，目光清澈，没有充血或疲倦困顿现象。

口腔：没有异味；牙缝里没有食品碎屑等。

化妆：简单淡妆可考虑。泡茶忌讳过于浓烈的化妆品，忌用有香味的护手霜、香水等化妆品。

首饰：简单的首饰；没有摇晃的耳环；没有一走路就发出声响的项链。泡茶时手上和腕部都最好不要佩戴太多散碎的饰品。

自然、大方、专注、优雅

指甲：淡色指甲油；不留长指甲。

服装：没有过分华丽；裙子长短适中，没皱褶。

长筒丝袜：没有脱丝；切忌彩色丝袜。

鞋子：鞋跟以中跟或低跟为佳。

男泡茶者的仪容、仪表

头发：干净、没有头皮屑，梳理整洁。

眼睛：目光清澈，没有充血或疲倦困顿现象。

鼻子：经常剪鼻毛，使其不露在外面。

胡子：刮（剃）干净。

口腔：没有异味；牙缝里没有食品碎屑等。

耳朵：洁净，没有耳屎。

手：清洁；指甲修剪整齐。

服装：干净、舒适；不皱、平整。注意领口与袖口的清洁。

鞋袜：鞋子与上衣搭配协调；鞋子要干净。袜子尽量与鞋子是同一类颜色，不突兀。

在泡茶的过程中，除了以上仪容、仪表需要注意外，泡茶者的眼神要与茶客有交流，不可无视饮茶者，奉茶时更是要有交流。这里说的交流指用眼神代替语言，用眼神与动作相结合来表达对饮茶者的尊敬。

◦ 品茶者礼仪

泡茶者有泡茶之礼，同样，品茶者也会有一定的礼仪，两者都遵守礼仪是整个品茶氛围和谐的基础。

伸掌礼

这是品茶、茶道中经常使用的示意礼。

在主泡与助泡协同配合或者主人向客人敬奉各种物品之时都简用此礼，一般应同时讲“谢谢”或者“请”。行伸掌礼时，应四指并拢，虎口分开，手掌略向内凹，侧斜之掌伸于敬奉的物品旁，同时欠身点头。当两人相对时，可伸右手掌对答表示。若侧对时，右侧方伸右掌，左侧方伸左掌对答表示。

鞠躬礼

鞠躬礼即弯腰行礼，是中国的传统礼节。茶道表演迎宾、表演开始和结束时，主客都要行鞠躬礼。其分为站式、坐式、跪式三种。根据鞠躬的弯腰程度可分为真、行、草三种。“真礼”用于主客之间，“行礼”用于客人之间，“草礼”用于说话前后。

叩手礼

叩手礼是以手指轻轻叩击茶桌来行礼。目前流行一种不成文的习俗：长辈或上级给晚辈或下级斟茶时，下级和晚辈必须用双手指作跪拜状叩击桌面二三下；晚辈或下级为长辈或上级斟茶时，长辈或上级只需单指叩击桌面二三下表示谢谢。

寓意礼

自古以来在民间茶道活动中，形成了不少带有寓意的礼节。如最常见的为冲泡时的“凤凰三点头”，即手提水壶高冲低斟反复三次，寓意向客人三鞠躬，以示欢迎；茶壶放置时壶嘴不能正对客人，否则表示请客人离开。

此外，茶桌上还有其他一些礼节，例如斟茶时只能斟到七分满，谓之“酒满敬人，茶满欺人”；如不需要斟茶，则在对方为自己斟茶时右手虚遮自己的品杯即可。

茶席和环境

近两年来，茶席的布置很受追捧，从茶商到品茶者，从普通茶客到资深茶达人，无不对自己的茶席做一番研究和摆搭。茶席讲究协调、美观、雅致，从茶室环境到茶桌的布置（包括茶席布、茶具、插花等），都经过茶主人精心装扮。

广义的茶席可包括由庭院、茶室、音乐、字画、香、花、茶等综合元素组成的茶席布置，狭义上的茶席指泡茶和喝茶的茶台。茶席可以很书香、很艺术，也可以很居家、很公务、可以很移动。茶席天地，一套桌椅，三五用器，徐徐铺开，一个人的气质与审美可以在茶席中表露无遗。

◦ 插花

茶席中的插花，须体现茶的精神，追求崇尚自然、朴实秀雅的风格，并富含深刻的寓意，以简洁、淡雅、小巧、精致为佳。插花中鲜花不求繁多，只插一两枝便能起到画龙点睛的效果；同时要追求线条，构图的美和变化，以达到朴素大方、清雅绝俗的艺术效果。

茶席插花的形式，一般可分为直立式、斜插式、悬挂式和平卧式四种。

直立式插花，是指鲜花的主枝干基本呈直立状，其他插入的花卉，也都呈自然向上的势头。

斜插式插花，是指鲜花的主枝干呈倾斜造型，其他插入的花卉也自然倾斜。

悬挂式插花，是指第一主枝在花器上悬挂而下为造型特征的插花。

平卧式插花，是指全部的花卉在一个平面上的插花样式。

茶席插花的花器，是茶席插花的基础与依托，更是亮点。插花造型的变化美观，花器的型与色起到了重要作用，也是彰显插花特色的重点。插花花器的材质主要有陶器、竹、木、草编、藤编等，以体现原始、自然、朴实之美。

插花宜简洁

◦ 字画

品茶环境融入字画更能为品茶增添意趣，但也要适当搭配，偶一点缀即可，不要满屋堆砌，以免给人压抑的感觉。字画的辅助点缀是为了凸显茶主人的文化素养，即使是狭小的空间，搭配一幅得体的画作，也会有意外之收获。

◦ 焚香

盛行在泡茶前先点上香，与朋友一起鉴赏品评。缕缕香气在茶室缭绕，细品茶香，可谓品香品茶的最高境界……

在茶席的整体氛围中，焚香是茶艺的一个重要组成部分。

焚香是以燃烧香品散发香气，因此，在品茗焚香时所用的香品及香具是有选择的：配合茶叶选择香品，浓香的茶需要焚较重的香品；幽香的茶，焚较淡的香品。配合时空选择香品，春天，冬天焚较重的香品；夏秋焚较淡的香味。空间大焚较重的香品；空间小焚较淡的香品。选择香具，焚香必须要有香具，而品茗焚香的香具以香炉为最佳选择。焚香除了香气，香烟也是非常重要的，不同的香品会产生不同的香烟；不同的香具也会产生不同的香烟，欣赏袅袅的香烟和香烟所带来的气氛也是一种美的享受。

此外，焚香要特别注意茶桌周边的环境，例如，花下不可焚香，花有真香非烟燎；香气燥烈会有损花的生机。焚香时，香案要高于花，插花和焚香两者都要尽可能保持较远的距离。这样才能真正达到品茶闻香赏花完美结合的最佳效果。

香篆

◦音乐

与喝茶相伴，最好的音乐是旋律舒缓、轻松愉悦，使人气定神闲的音乐，古筝曲、古提琴曲、钢琴曲……无论是传统音乐还是轻音乐都能抚慰人心。一些无歌词的吟唱音乐、古琴伴奏的古诗词吟唱等也是茶席佳选。选择什么音乐，与当时的季节、天气、心情、茶会主题、客人喜好等相关，细节处最能体现茶席主人的综合素养。

◦ 茶器

茶台上美观的茶器必然是整个茶席的焦点，由棉、麻或精细的竹编铺垫物和其他心爱的泡茶、品饮器具等组成。现在流行使用一些有年份的老器物与时尚的茶具混搭使用，老物件的沉稳内敛与新茶具的流光溢彩对比鲜明又和谐多元，带给人以美感。

◦ 茶宠

此外，茶桌上各式各样的小茶玩充当着茶桌上的萌宠，亦称茶宠。它们令茶席增添了无限意趣，体现了茶席主人的雅好。

茶宠　陶制小和尚

茶宠　紫砂制水牛

茶宠　银质蜻蜓

茶宠　银质青蛙

茶席之美

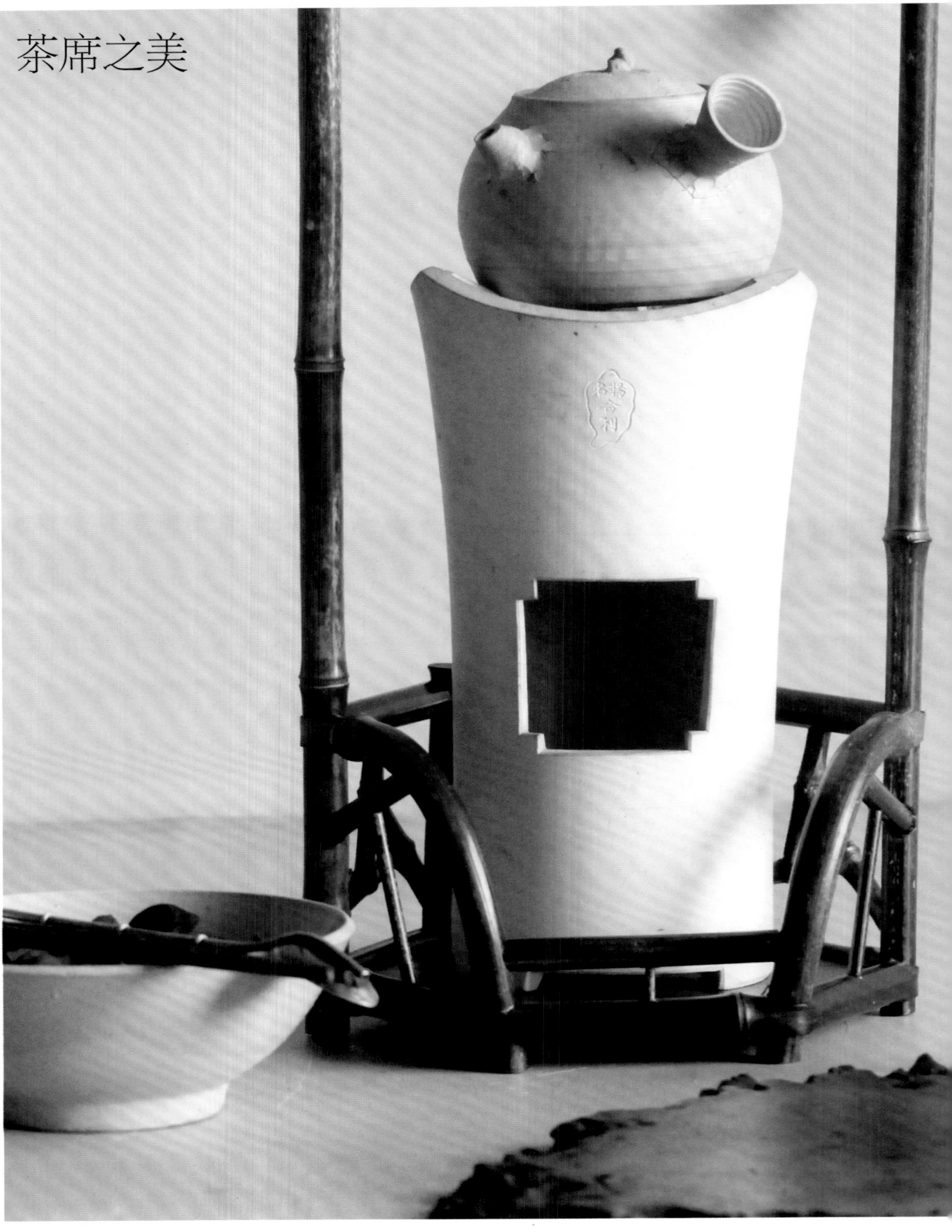

一片竹席，几只小杯，一把壶，旁边煮水松涛轰响，再插一枝花，焚一炉香，茶与香氤氲，岁月的春秋流转，心境的安详喜悦全在这一席之中，不增不减。

精心设计的茶席，现代茶桌的一大亮点

冰清玉洁——玻璃茶具的主题

简素之美

茶席经典，灰调，棉麻与竹丝

竹影下幽暗宁静的一壶茶

沉静。时光于一块两三百岁的老砖仿佛是凝固的

红艳未必火热沸腾，也可以清寂安宁

第4章

基本泡茶法

现代工夫泡茶的基本方法，大抵源于潮汕工夫茶的泡法。除了冲泡绿茶（黄茶、白茶）以外，多根据不同的茶叶品种、嫩度等，在基本泡茶方法上适当调整，以得到自己期许的那杯茶。

微信扫描书中含“ ”图标的二维码
听中国茶故事，品历史悠久茶文化
另配中国茶事交流群

泥炉、炭火，巡城、点兵，我们仍在依循

潮汕工夫茶泡法

壹

备器

泥炉搭配陶壶煮水器是潮汕工夫茶的完美结合。静候陶壶松涛飕飕声，鱼眼出现时。

贰

温壶

冷壶不利于茶香。将陶壶煮好的水注入茶壶中，使其内外充分受热均匀。

叁

淋杯

一是让杯子受热，二则是清洁杯体。潮汕工夫茶采用逐杯点茶法，直接用壶分汤，杯下垫托，以承载余汤。点茶杯序：1-2-3-4-4-3-2-1，依此循环。

肆

温杯

潮汕工夫茶的温杯，有讲究且潇洒。将一杯水倾入邻杯，杯口一半浸入水面。以拇指食指托口，无名指抵足，三指并用，使杯旋转一周，洗净尘埃。

伍

倒水

洁净杯子后，将杯中的水倒入水盂中。以无名指轻勾杯足，使杯倾斜，手势安定而优美。

陆

纳茶

打开锡制茶叶罐，将茶倒出于白纸上，将纸托起对准壶口倒入。茶叶量依据壶的大小来量度。

柒

冲点

将陶壶水沿壶边冲入，切忌直冲入壶心，不可断续，也不可急迫。首次注入的沸水茶汤不喝，立即将茶汤冲淋杯子，以使杯底留香，然后废弃不用。

洗茶

冲法同步骤7，冲水要满忌溢。满时，茶末浮白，凸出壶面，提壶盖从壶口平刮之，沫即散开，然后盖定。

捌

淋壶

壶盖盖好。再以沸水遍淋壶上，俗称“淋壶”。一为去其散坠浮沫，二为壶外也受热，使香味充盈于壶中。

玖

出汤

将壶中的茶汤倒入杯中，顺序同步骤叁。出汤速度要掌握好，速则茶汤未浸透，迟则茶味苦涩。

拾

品饮

冲泡好的茶汤已分入茶杯，可慢慢品饮。

TIPS:

随着人们生活节奏的加快，传统的工夫茶泡法，不断被加工改造，茶器也不断出现所谓的对应整合。如煮水器就逐渐被简便的电热水壶代替，这些变化使得泡茶也越来越不费“工夫”。近几年，不少茶人开始崇尚古人对茶事的细节考究，以干泡法为基础的茶席设计，多少可以见得潮汕工夫茶美学的影子。功能之于茶器，如同温饱之于人；如今既已不愁温饱，则中国传统茶事美学的重新兴起，将成必然之势。

铁壶煮饮老白茶

壹

备具

煮饮老白茶（白牡丹），用的是铁壶、汝窑品杯和铜茶托。老茶搭配老铁壶、汝窑杯和老铜茶托，茶韵十足。

贰

赏茶

白牡丹的外观毫毛显露，芽叶肥壮。

叁

投茶

将白牡丹投放置铁壶内。

肆

冲水

将泡茶水冲入铁壶内。

伍

煮茶

铁壶放置于陶炉上，开始煮茶。

陆

出汤

将煮好的白茶汤倒入公道杯中。

柒

分茶

将公道杯中的白茶汤分入汝窑品茶杯中。

捌

品茶

老铁壶煮饮老白茶完毕，慢慢品饮。

瓷壶冲泡六堡茶

壹

备具

侧把壶，品茶杯套组合。

贰

赏茶

匀整六堡茶。

叁

投茶

将六堡茶投放置侧把壶内。

肆

冲水

将泡茶水冲入侧把壶内。

伍

出汤

将泡好的六堡茶汤倒入公道杯中。

陆

分茶

将公道杯中的六堡茶汤分入品茶杯中。

柒

品茶

六堡茶冲泡完毕，可细细品饮。

碗泡安吉白茶

壹

投茶 赏茶

安吉白茶的外观直挺、嫩绿。将安吉白茶投放置泡茶碗内。

贰

头次 冲水

将泡茶水冲入泡茶碗内。

叁

浸润泡

第一次冲水至碗的1/3进行浸润泡，让茶叶散发出香气。

肆

二次冲水泡茶

将泡茶水第二次冲入大碗内冲泡安吉白茶。茶叶泡开后，叶面完全舒展开来。

伍

分茶

用分茶勺一勺一勺地将茶水均匀分入品茶杯中。

陆

品茶

大碗泡安吉白茶完毕，可细品慢饮。

盖碗冲泡铁观音

壹

备具 备茶

盖碗和玻璃品茶杯，铁观音茶。

贰

投茶

将铁观音投放至盖碗内。

叁

冲水

将泡茶水冲入盖碗内。

肆

出汤

将泡好的铁观音茶汤倒入公道杯中。

伍

分茶

将公道杯中的铁观音茶汤分入玻璃品杯中。

陆

品茶

盖碗冲泡铁观音完毕，可慢慢品饮。

野外冲泡红茶

壹

备茶 备具

将煮陶壶、陶炉、红茶、公道杯等准备好。

贰

煮水

将煮水陶壶放置于陶炉上煮水。

叁

投茶

将红茶投放至泡茶壶内。

肆

冲水

将陶壶水倒入泡茶壶内，并盖好壶盖。

伍

泡茶

正式泡茶。

陆

茶巾出汤

将泡好的红茶茶汤倒入公道杯中。用茶巾擦拭泡茶壶外壁的茶汁。

柒

分茶

将公道杯中的红茶茶汤分入品茶杯中。

捌

赏茶汤

红茶茶汤红艳明亮。

玖

品茶

野外冲泡红茶完毕，即可在青山绿水的野外细品慢饮。

紫砂壶冲泡大红袍

壹

备茶 备具

紫砂壶，青花米通杯，大红袍茶叶。

贰

投茶

将大红袍投放至紫砂壶。

叁

冲水

将泡茶水冲入紫砂壶内。

肆

出汤

将泡好的大红袍茶汤平分入品茶杯中。

伍

品茶

紫砂壶泡大红袍完毕，慢慢品饮。

第四篇 茶养生与茶美食

第1章

茶叶中的有益成分和保健作用

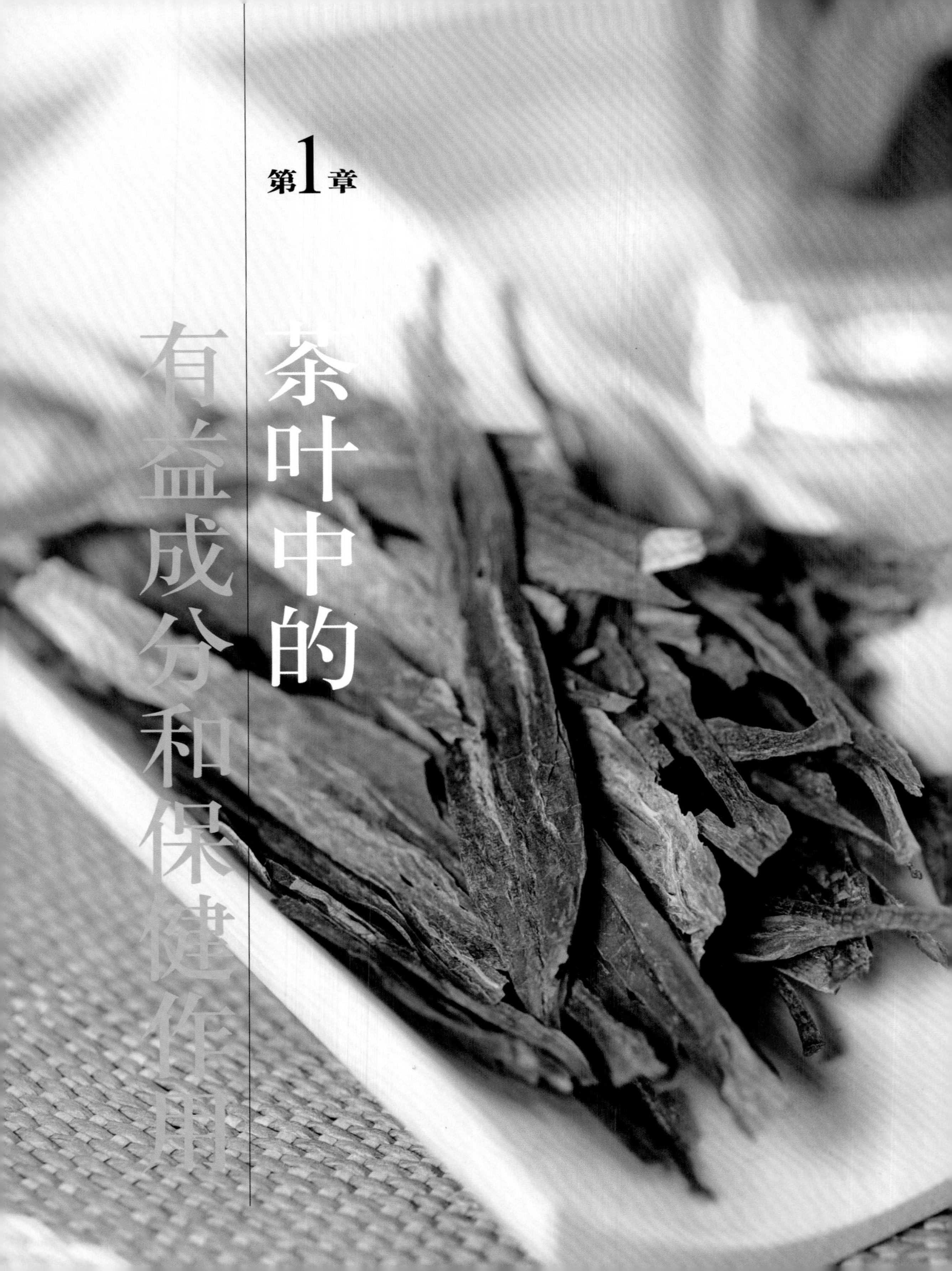

茶叶最初由于药用价值而被发现和利用，中国人对“茶”抱有难以言表的好感，以至于所有对人体有好处的饮品都被冠以“某某茶”。茶中含有对身体有益的成分，对人的身心修养均具有难以替代的作用。

微信扫描书中含“ ”图标的二维码
听中国茶故事，品历史悠久茶文化
另配中国茶事交流群

茶有益身心，可以喝一点

茶叶中的有益成分

早在1827年，研究人员在对茶叶的研究中发现，茶叶内有嘌呤碱化合物，此后，对茶叶中主要化学成分的研究也逐步开展。在20世纪30年代以后，对茶叶中儿茶素、氨基酸等成分的研究逐步深入。

研究发现，茶叶中的内含物质形成于茶树物质代谢和茶叶加工过程，不同的茶树品种中含有不同的内含物质，不同的加工工艺更使茶鲜叶中固有的化学成分沿着不同的化学途径转化，产生不一样的内含物，从而形成风格迥异的各种茶类。

茶叶中对人体有益的主要化学成分有茶多酚、氨基酸、蛋白质、矿质元素、咖啡碱、维生素等，这些成分的存在，使茶叶具有多种保健功效。

◦ 茶多酚

茶多酚又叫“茶单宁”“茶鞣质”等，是一类存在于茶叶中的多羟基酚性化合物的混合物的总称。茶多酚中的主要成分为儿茶素、黄酮、黄酮醇类、花青素类、花白素类等，其中一半以上的物质是以儿茶素为主体的黄烷醇类。茶多酚在茶鲜叶中含量最高，一般为干物质的20-30%，对成品茶色、香、味的形成起重要作用，也是茶叶保健功能的主要成分。其所具有的抗氧化性可以使人延缓衰老，是茶叶中重要的有益成分。

◦ 氨基酸

氨基酸是指含有氨基和羧基的一类有机化合物的通称，是蛋白质、活性肽、酶和其他一些生物活性分子的重要组成成分，其含量一般为干物质的1~4%。氨基酸通过种种途径参与茶叶色、香、味的形成，目前的研究表明，氨基酸对红茶、绿茶品质形成的影响各有侧重，对绿茶主要是影响滋味，其次是香气；而对红茶，主要是香气，其次是滋味与色泽。茶氨酸是茶叶中特有的游离氨基酸，约占茶树内游离氨基酸总量的50%，其含量的高低影响茶叶的鲜爽味。

◦ 蛋白质

茶树新生组织细胞内含有大量蛋白质，一般幼嫩芽叶中占25%左右。在成熟组织内蛋白质含量比较稳定，衰老组织内蛋白质含量就会明显降低。茶叶中的蛋白质只有部分水溶性蛋白质可溶于水。茶叶经冲泡后能溶于水留在茶汤中的蛋白质仅为1%～2%。这部分水溶性蛋白质是保持茶汤清亮和茶汤胶体液的稳定的重要因素，同时对促进茶汤滋味、营养价值有一定作用。一般情况下，蛋白质的含量小叶种茶树高于大叶种茶树，春茶高于夏茶，夏茶高于秋茶。

◦ 矿质元素

茶叶矿质元素是茶叶无机成分的总称。茶叶中的大量元素有氮、磷、钾、钙、钠、镁、硫等，微量元素有铜、锌、铬、铁、硒等。通常情况下，茶叶品质无论高低，连续冲泡两次以上，元素相对浸出率均在85%以上。即使是同一茶类，因产地的不同，其矿质元素含量和种类都不同。矿质元素对茶树生理效应和人体营养具有重要意义。

◦ 咖啡碱

咖啡碱亦称“咖啡因”，为嘌呤碱类物质。茶叶中咖啡因的含量一般为2%～4%，细嫩茶叶比粗老茶叶含量高，夏茶比春茶含量高。咖啡因是茶叶重要的滋味物质，与茶黄素结合后形成的复合物具有鲜爽味。咖啡因对人体有一定的兴奋作用，还有刺激中枢神经、提神的作用。但是茶泡得越久，咖啡因渗出率就越高。因此，睡眠不好的人、或者情绪易波动的人等少喝为佳，孕妇建议尽量别喝。

◦ 维生素

茶叶中含有人体必需的10多种维生素，分为水溶性和脂溶性两类。茶叶中的水溶性维生素的含量很丰富，主要有维生素C和B族维生素，因能具溶解于茶汤，容易被人体吸收，有较强的抗氧化性作用。维生素的含量中，绿茶高于红茶。人体通过喝茶可摄取到适量的有用维生素。

茶叶除了以上对人体有益的成分外，还有其他一些有用的物质，如糖类、酯类、醛类、有机酸类、酮类等。

不同茶类的特色及其有益成分

中国有白茶、绿茶、乌龙茶等六大茶类及茉莉花茶等再加工茶，不同的茶类拥有其不同的特色和功效。

◦ 白茶的特色和有益成分

白茶特有的外观色泽、叶态及毫香味的形成，主要依靠萎凋技术。部分多酚类与多酚氧化酶结合，氧化形成有色聚合物，改变鲜叶原来的苦涩味和青草气，并形成浅杏黄或浅橙黄的汤色及醇爽的滋味。

白毫显露的白毫银针

◦ 绿茶的特色和有益成分

绿茶中的蛋白质在杀青的高温高湿条件下，部分水解形成游离氨基酸，使得绿茶中氨基酸总量有所增加，使绿茶得到鲜醇爽口的滋味，维生素C由于高温杀青受热氧化而明显减少，咖啡碱由于部分升华而减少。

◦ 乌龙茶的特色和有益成分

乌龙茶在制作过程中，通过摇青这种半发酵的氧化还原体系，使儿茶素轻度氧化，促进类胡萝卜素的降解，形成二氢海葵内酯和茶螺酮等香味成分；可溶性糖与氨基酸在做青及后续的干燥工序中发生降解反应，对增进香气具有积极的作用；叶绿素降解对乌龙茶砂绿油润的外形色泽具有重要的意义。乌龙茶加工中，由于具有苦涩味的酯型儿茶素脱没食子酰基而成为游离型儿茶素，但又保留相当数量的酯型物质，使其滋味兼具绿茶的鲜浓和红茶的甜醇与回味感。

◦ 红茶的特色和有益成分

红茶的特征工艺在于发酵，在发酵过程中，茶多酚被氧化、聚合、缩合，形成红茶色泽和滋味的主要成分茶黄素、茶红素和茶褐素，茶多酚及其氧化产物与蛋白质结合沉积，苦涩转为甜醇。类胡萝卜素降解，游离氨基酸与糖的相互作用，产生甜香和焦糖香。这些生化反应奠定了红茶色、香、味品质。

◦ 黄茶的特色和有益成分

闷堆是黄茶的特有工艺。在高温高湿条件下，儿茶素和黄酮类物质水解，闷堆中微生物胞外酶和胞内酶的催化，使少量多酚类物质发生氧化、缩合、聚合，综合形成了黄茶橙黄的汤色特征。另外加工黄茶过程中，蛋白质的水解使氨基酸含量增加，氨基酸对黄茶醇、滋味及特征香气的形成具有重要作用。

◦ 黑茶的特色和有益成分

渥堆是黑茶初制的特征性工序，其实质是微生物通过胞外酶、微生物热及微生物自身代谢的协同作用，使茶叶内含物质发生极为复杂的化学变化，塑造了黑茶特征性的品质风味。黑茶在制作过程中以茶多酚、氨基酸、糖、嘌呤碱为主体的茶叶滋味物质发生转化，使儿茶素（尤其是酯型儿茶素）和氨基酸总量减少及内部配比改变，有机酸增加，综合协调形成了黑茶醇和微涩的口感。

◦ 花茶的特色和有益成分

花茶是将茶叶与鲜花进行拼和、窨制，使茶叶吸收花香而形成的一类茶叶，花茶窨制过程主要就是鲜花吐香和茶胚吸香的过程。一般花茶香气随窨次、配花量的增加而增加。花茶有茉莉花茶、珠兰花茶、桂花茶等，现在市场上以茉莉花茶为主。

茶叶的保健作用

根据现代技术研究结果，茶叶功效可总结成以下几点：使人振奋精神，增强思维和记能力；消除疲劳，促进新陈代谢，并有维持心脏、血管、胃肠等正常机能的作用；预防龋齿；抑制癌细胞的突变；抑制细胞衰老，使人延年益寿；防止动脉硬化、高血压和脑血栓；增强运动能力；减肥和美容；预防白内障；防治口腔炎、咽喉炎、肠炎、痢疾等；减少辐射的危害；保护视力；维持血液的正常酸碱平衡；防暑降温等。

解毒

茶叶中的多酚类化合物可与体内的烟碱、乙醇、吗啡相结合，通过咖啡碱的利尿作用而排出体外。儿茶素类化合物和多酚类化合物可使体内的重金属盐和生物碱沉淀。茶叶中的含硫化合物，对一些含砷、汞的盐类有解毒作用。茶叶还具有改善肝功能和利尿的作用，有利于解除有毒物质对人体的损害有作用。

消暑解热

中医认为，人体阴虚即有热，常饮绿茶，有清火解热及消暑之功效。其道理来源茶叶中的咖啡碱、多酚类化合物、芳香物质和维生素C的综合作用。芳香物质在挥发过程中可带走部分热量，起到调节体温的作用；咖啡碱有利尿作用，人通过尿液的排出使体温下降。

利尿

茶叶中的咖啡碱、茶碱、可可碱可通过抑制肾小管的再吸收，使尿中的钠和氯离子含量增加，并能兴奋中枢神经，直接舒张肾血管，增加肾脏的血流量，从而增加肾小球的滤过率。此外，茶叶中的多种黄烷醇类化合物也具有利尿作用。

抗氧化

人体脂质过氧化作用是造成人体衰老的原因之一。茶叶中丰富的维生素C和维生素E具有很强的抗氧化活性；儿茶素类化合物具有很强的还原作用，是一类抗氧化活性更强的抗氧化剂，可明显抑制人体脂质过氧化作用，从而延缓人体衰老过程。

预防龋齿

茶叶中含有的多酚类化合物对龋齿细菌有较强杀死作用，可抑制龋齿细菌分泌的葡糖基转移酶（简写GTF，这是致龋菌的重要致病因素之一）的活性，进而抑制蔗糖或葡萄糖转变为葡聚糖，使细菌难以粘附在牙齿表面。目前，市场上已有将茶汁或茶多酚类化合物加入牙膏中预防龋齿的产品。

除口臭

口臭是由于取食后残留在口腔中的食物残渣，在酶和细菌的作用下而形成甲基硫醇化合物所致。常用的口腔消臭剂为叶绿素铜钠盐。饮茶消除口臭的机理在于茶叶中的儿茶素类化合物：①可以清除口臭物质——甲基硫醇化合物；②可与口腔细菌作用的基质——氨基酸相结合；③可钝化口腔唾液中的酶类；④可杀死口腔中的有害细菌。具有比叶绿素铜钠盐更强的消臭效果。国内外有将茶叶中的有效成分加入口香糖用以消除口臭的产品。

防辐射

茶叶中的儿茶素可吸收放射性物质，阻止其在人体内扩散。多酚化合物、维生素C、维生素E以及脂多糖可清除因辐射产生的大量自由基，降低自由基引起的过氧化物毒害。饮用绿茶可改善癌症患者由于辐照治疗引起的白血球下降现象。中国已开发用绿茶提取物作为辐照治疗的辅助药物。

灭菌

茶叶中的多酚类化合物对多种有害人体健康的细菌(如金黄色葡萄球菌、霍乱弧菌、大肠杆菌、肠炎沙门氏菌、肉毒杆菌等)有杀灭作用。茶叶提取液对引起人体皮肤病的多种病原真菌（头状白癣、斑状水泡白癣、汗泡状白癣和顽癣等）有很强的抑制作用，对多种植物的病原真菌和细菌也有杀灭作用。

兴奋提神

茶叶中的咖啡碱可刺激中枢神经系统，使大脑皮质由迟缓状态进入兴奋状态，起到驱除瞌睡、消除疲劳、增进活力、集中思维的作用。人体肌肉和脑细胞在代谢过程中产生的乳酸，可引起疲劳，当它在人体内过量存在时，会引起肌肉酸痛硬化。饮茶可使体内乳酸迅速排出体外，起到消除疲劳的作用。

抗衰老

人体在代谢过程中不断消耗氧而形成的自由基使不饱和脂肪酸发生过氧化，形成丙二醛化合物，使独立的大分子聚合成脂褐素，在手脸部皮肤上沉积，形成“老年斑”；还使脂质过氧化，从而对生物膜、动脉产生损伤，使细胞结构和功能受到破坏。过量自由基的存在是人体衰老的重要标志。茶叶中的多酚类化合物、维生素C和维生素E能与自由基形成稳定物质，缓解和阻断自由基与大分子物质的结合，抑制脂质过氧化并清除自由基，从而延缓衰老。

明目

茶叶中所含的β胡萝卜素在人体内可转化为维生素A，具有维持上皮组织正常功能的作用，并在视网膜内与蛋白质合成视紫红质，增强视网膜的感光性。茶叶中的维生素B_1是维持视神经生理功能的重要物质，可预防由视神经炎而引起的视力模糊和眼睛干涩。茶叶中含量很高的维生素B_2是维持视网膜正常功能必不可少的活性成分，对预防角膜炎、角膜混浊和视力衰退均有效。

抗过敏

茶叶中的儿茶素化合物可抑制透明质酸酶活性，因而能阻止组胺的释放。发酵茶（黑茶、红茶）的抗过敏作用优于半发酵茶（乌龙茶）。不发酵茶（绿茶）的作用最弱。

预防动脉粥样硬化

茶叶中的多酚类化合物可以调节血液中的脂质和胆固醇，使血液的黏稠度降低，从而达到预防动脉粥样硬化的效果。

减肥消脂

茶叶中的咖啡碱与磷酸、戊糖等物质形成的核苷酸，对脂肪具有很强的分解作用。此外，咖啡碱具有兴奋中枢神经的功能，能提高胃酸和消化液的分泌量，增强肠胃对脂肪的吸收和消化。茶叶中的儿茶素类化合物可促进人体中脂肪的分解，降低固醇和中性脂肪在血液和肝脏中的积累。中国少数民族和游牧民族居民以肉食为主，尤其需要消脂，因此有“不可一日无茶”的生活习俗。

抗溃疡

茶叶中的儿茶素具有抗溃疡活性。日本和印度的研究表明，茶提取物可以抑制胃溃疡的发生。在多种儿茶素中，表没食子儿茶素没食子酸酯具有最强的抗溃疡活性。

增强免疫

茶叶中的有效组分可以增加肠道中双歧杆菌的数量，减少有害细菌的数量。双歧杆菌为有益细菌，具有抑制有害细菌的生长、繁殖、维持肠道的正常蠕动，以及保护肝脏、脑和心脏等生命器官的重要作用，可提高人体肠道免疫功能。多喝茶还可以改善人体肠道细菌结构，提高对肠道疾病的免疫力。

调节血压

茶叶中含有的酯型儿茶素和游离茶黄素可抑制能间接引起人体高血压的血管紧张素Ⅰ转化酶（ACE酶，可将人体内原来就存在的没有升压作用的血管紧张素Ⅰ转变为可使血压升高的血管紧张素Ⅱ）的活性，从而起到降低血压的效果。国外有将茶树鲜叶经厌氧处理后再加工的绿茶，专用于治疗高血压症。

第2章

茶食制作

中国古代，茶叶除了直接饮用之外，还有“茗菜”“茗粥”等食用方法。现在，茶叶及深加工茶制品被广泛运用于日常饮食、食品工业中，使食品独具特色，拥有别样的风味，并调理着人体机能，可以说，全世界都大爱茶叶。如口口相传的四川樟茶鸭、浙江名菜龙井虾仁、日常小吃茶叶蛋等，都是著名的以茶入菜的经典美食。

微信扫描书中含“ ”图标的二维码
听中国茶故事，品历史悠久茶文化
另配中国茶事交流群

午后来杯茶，再搭配些许茶食，工作的间歇也会感觉无比甜蜜

特色茶食

茶食是一个泛指，不仅包括含有茶叶成分的各种食品，如茶饮料、茶糖果、茶饼干、茶菜肴等，还包括与茶适当搭配的各类副食和点心，如各种炒货、蜜饯、糕点、小吃、点心等，我们通常把它们称为茶食或茶点。

干果蜜饯类茶食

炒货系列可称得上是茶食品系列的一绝。炒货类按制作方法，可分为炒制、烧煮、油氽等种类，这类茶食绝大多数都是我们日常接触到的各式干果。能与茶搭配的常见炒货有：五香、奶油、椒盐等各味花生和各色瓜子，还有香榧、榛子、松子、杏仁、开心果、腰果、南瓜子、西瓜子、兰花豆等。

蜜饯走入人们生活由来已久，特别是在闽南，人们对蜜饯似乎情有独钟，家里来了客人，泡上一壶香茶，品一下蜜饯，拉拉家常，自有一番惬意。

蜜饯类分为果脯和蜜饯两种。果脯多出自北方，是以鲜果直接用糖浸煮后再经干燥的果制品，特点是果身干燥，保持原色，质地透明。蜜饯多出自南方，是用鲜果或晒干的果坯作原料，经糖渍浸煮后加工成半干的制品，特点是果形丰润，甜香俱浓，风味多样。常见的果脯蜜饯有葡萄干、苹果脯、桃脯、山楂糕、话梅、脆青梅、盐金枣、果丹皮、密枣、糖冬瓜、金橘饼、芒果干、九制陈皮、糖杨梅、加应子等。

鲜果类茶食

鲜果类主要是指四时鲜果，也就是时令水果，常见品种有苹果、橘子、葡萄、西瓜、哈密瓜、香蕉、李子、杏子、桃、荔枝、甘蔗、杨梅等。

我国幅员辽阔，地跨寒、温、热三个气候带，自然条件优越，瓜果栽培普及全国，各地品种资源非常丰富。新鲜水果的营养丰富，可多吃一些。

甜食点心类茶食

甜食类又称茶糖类，在饮茶过程中起调节口味的作用。在日本，人们饮抹茶时，先要尝些甜食，其理就在于此。

目前在茶艺馆或家庭待客时，选用的茶糖主要有芝麻糖、花生糖、桂霜腰果、可可桃仁、糖粘杏仁、白糖松子、桂花糖、琥珀核桃等。此外，还有掺绿茶、红茶、乌龙茶的各种奶糖和茶口香糖。

大枣、干果、糕点可为常备茶食

茶香料理

茶米饭

食材：绿茶（或普洱茶）叶10克，粳米适量。

步骤：

◆ 取茶叶用开水（约800毫升）浸泡8~12分钟，然后用洁净纱布滤去茶叶，留取茶水。

◆ 把茶水倒入淘好的米中，放进电饭煲里，煮熟食用。

茶叶蛋

食材：鸡蛋8个，八角5粒，小茴香10克，陈皮5克，花椒10克，甘草2片，丁香5克，桂皮5克，茶叶50克。

步骤：

◆ 将鸡蛋洗干净，放入锅中，倒入清水，直到盖过鸡蛋。

◆ 在水中放入1小匙盐，先用大火将水煮开，煮的时候将鸡蛋翻动数次，可让煮出来的鸡蛋黄集中在鸡蛋中间。

◆ 水开后转小火，煮10分钟后，熄火再焖5分钟，即可取出待凉备用。

◆ 将茶叶包及其他所有材料一起放入锅中煮开，把煮熟的鸡蛋轻轻敲出裂痕，放入锅中。

◆ 用小火慢慢煮约一小时，熄火后再浸泡2小时即可。

绿茶饺子

食材：面粉240克，绿茶30克，开水（约300毫升）凉至75℃，肉馅1碗，香菇丁20克，胡萝卜末30克。

步骤：

◆ 用凉至75℃的开水冲泡绿茶5分

烹制好的茶叶蛋

绿茶饺子

钟，茶水倒出冷却备用，茶叶取出剁碎备用。

◆ 将面粉放在盆内，用冷却的绿茶水和面，揉成细致光滑的面团，饧30分钟。

◆ 将胡萝卜末先加盐腌10分钟，将多余水分挤出，再放入肉馅、香菇、剁碎的茶叶末、少许的盐及胡椒混合搅拌成馅料。

◆ 将面团分成若干等份，擀成水饺皮再包入适量的馅料。

◆ 最后将包好的饺子逐一放入滚水中煮熟即可。

橘子绿茶果冻

食材：鱼胶粉2汤匙 ，冰水3汤匙 ，新鲜橘子肉若干，绿茶粉3汤匙，白糖半汤匙，清水 300毫升，杯子若干。

步骤：

◆ 鱼胶粉加入冰水调匀至溶化。

◆ 煮沸清水，加入溶化的鱼胶粉水、白糖及绿茶粉煮至白糖完全溶化，熄火，待冷却。

◆ 将橘子肉数瓣放入杯内，将以前冷却待用的混合料倒入、搅拌。

最后放入冷冻室冷冻凝固，即可。

绿茶糯米糕

食材：糯米粉200克，绿茶粉1.5匙，淀粉1.5匙，牛奶半袋，炒熟的芝麻、葡萄干适量。

步骤：

◆ 将糯米粉放入盆里，加入绿茶粉、淀粉、牛奶，搅拌均匀。

◆ 在一个大碗里抹上少许油，倒入糯米糊上锅蒸20分钟，即可成糯米糕。

◆ 最后将炒香的芝麻、葡萄干撒在糯米糕上即可。

龙井虾仁

食材：河虾250克，龙井茶叶10克，蛋清2个，盐、淀粉、料酒、油各适量。

步骤：

◆ 将龙井茶叶以热开水冲数分钟，滤出茶叶备用。

◆ 河虾去壳洗净，将表面水分擦干，加盐略搅拌，再加入蛋清及淀粉，放入冰箱冷藏30分钟。

◆ 下少许油，锅烧至温热，倒入虾仁炒散，切忌虾仁粘成一团，炒熟即捞出。

◆ 锅内放少许油，倒入龙井茶叶炒匀，再倒入虾仁、加料酒，以大火略炒匀，调入少许盐即可出锅。

茶粥

食材：绿茶10克，粳米50克，白糖适量。

步骤：

◆ 取茶叶煮，取浓汁约1000克。

◆ 在茶叶浓汁中加入粳米。

◆ 再加入水400克左右，同煮为粥。

◆ 最后加入白糖调味即可。

保健茶饮

茶是解渴的饮料，也是祛病保健的良药。中国有着博大精深的茶文化，同时也有着悠久的以茶作药，以茶疗病的历史。

古代医书茶专门介绍了茶的本草量论和药用功效，《神农本草经》中记载，神农尝百草，日遇七十二毒，得茶而解之。此后，人们始知茶有解毒作用，可以用来防治疾病。汉末张仲景《伤寒杂病论》："茶治浓血甚效。"东汉华佗谓茶能消除疲劳，提神醒脑。魏时吴普用茶治疗厌食、胃痛等。南朝齐梁陶弘景《名医别录》："苦茶轻身换骨。"南北朝时以茶疗疾的方法已基本形成，谓茶疗初始阶段。唐宋时，茶疗应用范围和方法扩大。唐代孙思邈《千金要方》："治卒头痛如破，中冷又非中风，是痛是膈中疾厥气上冲所致，名为厥头痛，吐之即差。单煮茗作饮二三升许，适冷暖饮二升，须臾即吐。"唐代苏敬等《新修本草》："（茶）主瘘疮，利小便，去痰、热、渴……主下气，消宿食。"唐代陆羽《茶经》引《孺子方》："（茶）疗小儿无故惊厥。"唐代孟诜《食疗本草》："（茶）治热毒下痢。"宋代陈承《重广补注神农本草》："茶治伤暑合醒，治泄痢甚效。"宋代赵佶《圣济总录》及由宋代朝廷组织名家编著的《太平惠民和剂局方》《普济方》等，都有茶疗专篇。

由此可见，茶从来就不是一种单纯解渴的饮料，它一直发挥着祛病保健的作用。现代社会讲究饮食疗法，茶饮应时而兴再自然不过了。

枸杞大枣茶饮

除真正的茶叶饮品以外，中国人习惯将有一定功效的饮品通称为茶，如南方的凉茶，各种保健茶中也未必有茶叶的影子，可见，喝茶就等于保健，这个理念在中国已深入人心。

常用保健茶疗方

饮茶可保健身体，但是我们需要根据自身的身体情况来选择茶方，找到适合自己的茶饮，对症饮用，才能达到保健作用。同时，任何茶饮方剂都不宜长期服用。

◦ 感冒、头痛茶疗方

葱白川芎茶

材料制法：取茶叶和川芎各10克，葱白两段。

食用法：以水煎服。

作用：可祛风、通阳、止痛。对外感风寒引起的头痛等症有效。

中暑伤风茶

材料制法：取茶叶、甘草、苍术和玉叶金花各100克，厚朴（制）80克，香薷、香附、羌活、陈皮（制）、贯众、柴胡、紫苏、半夏（制）、川芎、枳壳、桔梗和广藿香各50克，石菖蒲和薄荷各30克，共混合，研为黄褐色粗粉。

食用法：每包12克，每次1包，水煎数沸，每日1～2次，代茶饮。

作用：对四季伤风感冒、中暑发热、腹痛、浑身酸痛、呕吐泄泻等症有效。

风寒感冒茶

材料制法：取荆芥、苏叶和生姜各10克、茶叶6克，加水500～750毫升，以文火煎沸10～15分钟，取汁，加入红糖30克溶化后即成。

食用法：每日1剂，分上、下午温服。

作用：荆芥、苏叶、生姜均为中医治疗风寒感冒之常用药，与茶叶配制，可发散风寒、祛风止痛。适用于风寒感冒，畏寒，身痛，无汗等症。

驱寒茶

材料制法：取茶叶5～10克，加水煎熬5分钟左右成浓涩茶汤。

食用法：茶汤冲入有酒的盛器中即成。香味醇厚而浓郁，酒量按各人情况以适宜为度。

作用：可驱风寒。主治畏寒发热、头胀、鼻塞流涕等症。

银花山楂茶

制法：取银花30克，山楂和茶叶各10克，共放砂锅内，加水，置旺火上烧沸，经3～5分钟，将药液注入小瓷盆内，再加水煎熬一次，滤出药液，将两次药液合并，放入蜂蜜250克，搅匀即成。

食用法：不拘时温服。

作用：可清热解毒、散风止痛、消食。主治风热感冒、发烧头痛、口渴等症。

◦ 解暑清热茶疗方

三叶青蒿茶

制法：取青竹叶1把，鲜藿香叶30克，青蒿15克。加水约500～700毫升，煎沸10～15分钟，取汁泡10克茶叶即成。

食用法：每日1～2剂，每次服半碗汁。四味合用，

作用：具有清热解暑的功效。主治中暑、高热、汗出、口渴、胸闷恶心之症。

双甘藿香茶

制法：取茶叶9克，甘菊花15克，藿香和生甘草各10克。

食用法：用开水冲泡，代茶饮。

作用：可预防中暑及暑毒。

防暑茶

制法：取茶叶9克，甘菊花15克，藿香和生甘草各10克。

食用法：用开水冲泡。代茶饮。

作用：主治中暑，可作盛夏季节防暑饮料。

姜盐茶

制法：取鲜生姜2片，食盐4~5克，绿茶6克。三味共加水适量，煎沸5～10分钟即成。

食用法：每日1～2剂，不拘时频频饮之。

作用：可清热润燥、生津止渴。适用于口渴多饮、烦躁、尿多（糖尿病）等症。

枸杞、陈皮、决明子、甘草等都是茶饮中的必备食材

梅糖茶丸

制法：取黑茶（陈茶）30克，乌梅炭30克，红糖30克。三味共研成细末，拌匀制成丸剂，如梧桐子大。

食用法：每剂为二日量。每日2次，用温开水空腹送服。

作用：乌梅炭与茶叶配制，可清热凉血、涩肠止血。适用于大便出血。

◦ 益肝解毒茶疗方

李子茶

制法：取鲜李子100～150克，剖开后置锅内，加水320毫升，煮沸3分钟，再加入绿茶叶2克，蜂蜜25克，沸后起锅取汁即成。

食用法：每日1剂。分早、中、晚3次服用。

作用：李子味甘酸，性凉，与绿茶配用，可清热利湿、益肝散结。

芝麻茶

制法：取黑芝麻6克，炒香，与茶叶3克一起加水适量煎煮，沸5～10分钟即成。

食用法：每日1～2剂，温饮并食芝麻与茶叶。

作用：黑芝麻性味甘平，与茶叶配用，可滋补肝肾、养血润肺。适用于肝肾亏虚、皮肤粗糙、毛发枯黄或早白、耳鸣等。

板兰大青茶

制法：取板兰根和大青叶各30克，茶叶15克，共加水煎煮取汁。

食用法：日服2次,连服2周。

作用：可清热解毒、利湿退黄。

理胃消食茶疗方

二绿茶

制法：取绿萼梅和绿茶各6克。共以沸水冲泡5分钟。

食用法：不拘时温服。每日1剂。

作用：绿萼梅性平味酸涩，与绿茶配用，可疏肝理气、和胃止痛。适用于肝胃不和、脘腹胀痛、呕恶等。

干姜茶

制法：取茶叶60克，干姜30克，共研和。

食用法：每服3克，开水冲泡，每日2～4次，代茶徐饮。

作用：主治胃痛、腹泻。

润肺止咳茶疗方

二绿合欢茶

制法：取绿萼梅、绿茶和合欢花各3克，枸杞子5克。

食用法：用开水冲泡，代茶频饮。

作用：主治梅核气、气郁不舒、胸闷腹胀等症。

三白茶

制法：取桑白皮、百部和白芍各15克，绿茶10克，四味煎汁，去渣，入冰糖15克溶化即成。

食用法：每日1剂，连服5天为一疗程。

作用：主治阵咳、舌苔干燥。

川贝茶

制法：川贝母和毛尖茶叶各9克，冰糖15克。将川贝母研末，冰糖捣碎，与茶

寒冷的冬日来杯煮好的保健茶，立刻就暖透全身

叶一起置茶缸内，加水500毫升，在锅内炖浓，过滤取汁用。

食用法：每日3次，每次服10毫升。药量可根据年龄酌情增减。

作用：可润燥清肺、止咳化痰。

平喘茶

制法：取麻黄3克，黄柏4~5克，白果仁15个（打碎），茶叶1撮（3～6克），共加水适量，煎沸15～20分钟，取汁，加白糖30克溶化即成。

食用法：每日1剂，分2次饮服。

作用：于病发呼吸困难时服用。诸味配用，可宣肺清肃、平喘止咳。

◦心脑血管疾病茶疗方

三宝茶

制法：取普洱茶、菊花和罗汉果各等份。三味共研制成粗末，用纱布袋（最好是用滤泡纸袋）分装，每袋20克。

食用法：每日1次，每次用1袋，以沸水冲泡10分钟，候温频频饮服。

作用：可降压、消脂、减肥。

天麻茶

制法：取天麻6克、绿茶3克、蜂蜜1匙。将天麻加水一大碗（500～750毫升），煎沸20分钟，加入茶稍沸片刻，取汁，和入蜂蜜即成。

食用法：天麻性味甘平，药用能熄风、定惊。与茶叶配用，可平肝潜阳、疏风止痛。

荷叶茶

制法：取茶叶和荷叶各10克，沸水冲泡。

食用法：随渴随饮。

作用：可清热、凉血、健脾利尿。

蜜茶

制法：取精制绿茶5克，槐花蜜或枣花蜜30克。将绿茶放入杯中，用90℃开水冲泡，盖好盖，温浸数分钟，晾温，加入蜂蜜。

作用：热服治细菌性疾病；凉服清心明目，预防便秘。

醋茶

制法：茶叶不拘量，米醋适量。将茶叶去杂质，研细末，过筛。

食用法：每日2次，每次用茶末3克，以米醋调服。

作用：米醋入药有软坚散瘀、解毒止痛的作用。茶末与米醋配用，可清火解郁、宁心止痛。主治由火郁所致之心痛。适用于心情急躁，或情郁不解，时有胸闷、心痛者。

◦ 利尿茶疗方

玉米须茶

制法：取玉米须30～60克（鲜品可用100克）、松罗茶（绿茶）5克。二味置保温杯中以沸水冲泡15分钟即成。或将二味加水煎沸5～10分钟，取汁用。

食用法：每日1剂，分2次温服。

作用：玉米须性味甘平，与茶配用，可健脾益肾、利尿退肿。

益母茶

制法：取益母草子和茶叶各等份（(或各6克）。二味加水600毫升，煎至300毫升，取汁用。

食用法：每日2剂，每剂空腹趁热顿服。

作用：益母草子性凉味甘辛。可清热利湿、祛瘀通淋。

茅根茶

制法：白茅根鲜品60克（干品30克），加水适量，煎沸15分钟，加入绿茶3～6克，再沸片刻，取汁饮用。或将白茅根剪成细碎，与绿茶共置茶壶或保温杯内，以沸水浸泡15分钟即成。

食用法：每日1剂，不拘时频饮之。

作用：白茅根与绿茶配用，可清热利尿、凉血止血。

通草茶

制法：取通草1克，灯芯草3~6克，青茶叶6克。

制法：用沸水冲泡饮服。

作用：可清热、利尿、通淋。

◦ 止痢茶疗方

二陈止痢茶

制法：取陈茶叶和陈皮各10克，生姜7克。三味加水煎沸5～10分钟，取汁。

食用法：每日2～3剂，不拘时温服。

作用：可清热理湿、和胃理气、止泄止下痢。

山楂止痢茶

制法：取山楂（半生半熟者）60克，茶叶15克，生姜6克，加水共煎，沸10～15分钟，取汁冲红、白糖各15克。

食用法：每日2剂，不拘时饮服。

作用：三味合用，可清热消滞、化湿消炎、止痢。服本茶需忌瓜果、鱼腥、油腻和黏硬之物。

木瓜茶

制法：取木瓜15克，茶叶3克，加水适量，煎沸20～30分钟，取汁用。

食用法：每日2次，温饮。

作用：木瓜与茶叶配用，可清热利湿、缓急止痛。

枣蜜茶

制法：取红枣10枚，蜂蜜50克，绿茶10克，先将红枣煮沸15分钟后放入茶叶，稍煮片刻，取汁冲蜜即成。

食用法：每日2次，上、下午分服。

作用：可清热利湿、抗菌消炎、收敛止下痢。

柚姜茶

制法：取老柚壳9克，细茶叶6克，共研成细末；生姜2片煎汤，候温送服二味细末。

食用法：每日2次，分上、下午各服1次。

作用：老柚壳性味辛甘带苦，与茶叶和生姜配用，可温中理气止痛。适用于腹中冷痛、腹泻如水样。服柚姜茶须忌食生冷之品及鱼类、猪油一周。

姜茶

制法：取生姜1块，茶叶适量（约3~6克）。将生姜洗净，带皮切碎如粟米，与茶叶一起加水一大碗，煎沸至半碗汤汁即成。

食用法：每日1~2剂，候温服。

作用：生姜性温味辛，与茶叶配用能温中健胃，化湿止下痢。

姜梅茶

制法：取生姜10克，乌梅肉30克，绿茶6克，红糖适量。将生姜和乌梅肉切细，共放保温杯中，以沸水冲泡，盖密，温浸30分钟，再入红糖即成。也可将生姜和乌梅肉切细，加水适量，在砂锅内煎沸10分钟，加入红糖即成。

食用法：每日3次，候温饮服。

作用：乌梅、茶叶均有消炎杀菌及收敛的作用。可清热生津、消食、止下痢、和胃。

皮肤病茶疗方

三叶茶

制法：取茶叶、艾叶、女贞子叶和皂角刺各15克。四味加水250毫升，煎至100~150毫升，用纱布过滤，取其汁外洗或湿敷局部溃疡面。

食用法：每日3次。

作用：可抗菌消炎、收敛生肌。

去癣茶

制法：取茶树根30~60克，洗净，略干后切片，加水适量煎成浓汁，候温饮服。

食用法：每日2~3次空腹服。

作用：茶树根味苦性凉，药用清热燥湿，杀虫解毒。

茶油去癣

制法：茶油适量。用棉签涂搽于癣疮处，每日数次（候干则涂之）。

食用法：连续涂搽数日。涂搽期间忌用冷水洗患处。

作用：茶油性味甘凉，药用清热燥湿、祛风润燥、杀虫解毒。

◦调经茶疗方

二花调经茶

制法：取玫瑰花和月季花各9克（鲜品均用18克），红茶3克。上三味制成粗末，以沸水冲泡闷10分钟即可。

食用法：每日1剂，不拘时温服。

作用：行经前几天服为宜，连服5～7天，可活血调经、理气止痛。

月季花茶

制法：取干月季花朵10克，加红茶1~5克，沸水冲泡10分钟，频频温饮。

作用：有理气消肿、活血调经之功用。脾胃虚弱者慎用，孕妇忌服。

红糖茶

制法：取红糖3克，茶叶少许。二味用热酒冲泡。

食用法：每日1～2次，温服。

作用：可温中散寒、活血祛瘀。

青蒿丹皮茶

制法：取青蒿、丹皮各6克，茶叶3克，冰糖15克。将药洗净，同茶共置茶杯中，用开水冲泡15～20分钟后，入冰糖令溶。代茶饮。

食用法：月经先期或一月两次，量多色紫，心胸烦热，小便黄赤，白带腥臭等可用。

栀子红糖茶

制法：取茶叶3克、红糖15克、栀子10克。三味共研成细末，拌匀即成。

食用法：每日1～2次，每次2～3克，用黄酒送服。

作用：栀子性寒味苦，与茶配用可清热利湿、去瘀止血。

饮茶禁忌

民国时期著名的大文人黄侃醉心学问，刻苦治学，爱书如命，但一生爱美食，喝酒、抽烟、喝极浓的茶，茶水浓如黑漆，可惜他50岁即英年早逝，这与他性格狂放，全无节制地饮食有极大关系。可见，凡事皆应有度，饮茶适度是保健，饮茶过浓或过多或饮茶不当则伤身。喝茶还是应有所顾忌，甚至有所禁忌。

忌空腹饮茶

古人云："不饮空心茶"，说明古人已经知道空腹饮茶会引起一些不适，就以最淳朴的言语记录下来留给后人。对茶叶的研究发现，茶叶中含有咖啡因等生物碱，空腹饮茶易使肠道吸收咖啡碱过多，会使有些人产生一时性肾上腺皮质功能亢进的症状，如心慌、头昏、手脚无力、心神恍惚等，不仅会引起胃肠不适，食欲减退，还可能损害神经系统的正常功能。

中医则认为，空腹饮茶，茶性入肺腑，会冷脾胃，等于"引狼入室"，因此我国自古就有"不饮空心茶"之说。空腹饮淡茶，则妨碍不大。胃溃疡患者尤应注意空腹不能饮浓茶。

忌饭后马上饮茶

饭前可以少饮一点淡茶，有益无害，但很多人习惯饭后马上喝杯茶，认为这样可以促进消化。实际上，这并不是个好习惯，这不仅会导致消化不良，还有可能增加患结石的风险，因此民间也有"饭后喝茶等于喝毒药"的夸张说法。

茶叶中含有鞣酸和茶碱，这两种物质都会影响人体对食物的消化。胃液和肠液是人体消化食物必不可少的消化液，当鞣酸进入胃肠道后，会抑制它们的分泌，从而导致消化不良。此外，鞣酸还会与肉类、蛋类、豆制品、乳制品等食物中的蛋白质产生凝固作用，形成不易被消化的鞣

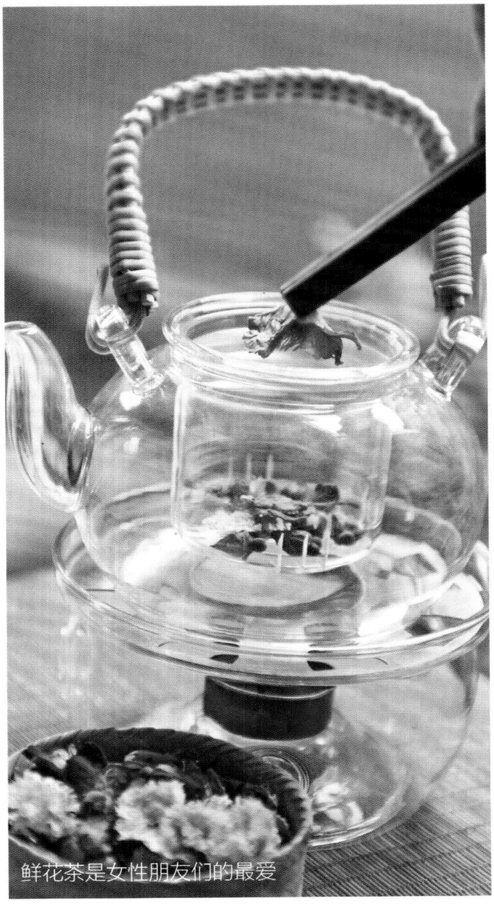
鲜花茶是女性朋友们的最爱

大枣玫瑰养颜茶饮

酸蛋白凝固物。此外，胃酸偏酸性，而茶水偏碱性，饭后立即喝茶，茶碱不仅会抑制胃酸的分泌，还会稀释胃酸，影响胃酸中蛋白酶等的分泌，从而影响消化。最后，有关实验表明，饭后饮用15克茶叶冲泡的茶水，会使人体对食物中铁的吸收量降低50%。茶水的浓度越高，对身体的危害越大。

饭后喝茶不要急，最好等一个小时。如长期在饭前、饭后饮浓茶，会造成消化不良、便秘、营养障碍和贫血等不良后果。因此，在饭前和饭后半小时之内，都不宜大量喝茶或喝浓茶。

忌酒后饮茶

很多人认为，茶能解酒，真的是这样吗？茶能利尿，浓茶中的大量茶碱更能迅速发挥利尿作用，酒后饮茶必将未经降解的乙醇驱往肾脏，并排出体外，但乙醇对泌尿系统确实会造成损害。因此，以茶解酒是伤身之举，切忌。

忌茶水服中药

茶水能解毒，同样能解药，用茶水服药，会对中药的作用产生影响。

忌睡前喝茶

咖啡碱和茶多酚是茶中能够让神经中枢兴奋的物质，睡前饮茶不仅容易使人失眠，过多饮用还会导致消化不良，尤其是新采的绿茶，饮用后神经极易兴奋，造成失眠。因此，睡前2小时内最好不要饮茶。平时情绪容易激动或比较敏感、睡眠状况欠佳身体较弱的人尤应注意。

尿路结石患者忌饮茶

医生常常会奉劝患有尿道结石的病人多喝水，以助排石，然而有相当多的病人更愿意饮茶来补充水分，这非但无益反而有害。尿路结石物质的组成成分中，约八成左右属草酸钙结晶，而从饮食中吸收的草酸与钙，是可以直接影响尿路中草酸钙结石生成和长大的重要因素。尿路结石病人除了大量喝水以减少草酸钙在尿路中结晶外，也要避免摄取含钙及草酸的食物，以预防结石再生或长大。茶叶中含有草酸成分，因此应减少喝茶的次数，而以水代茶为佳。

忌给婴幼儿饮茶

虽然，茶具有清头目、除烦渴、除火化痰、消食利尿、解毒等功效，但对婴幼儿来说，饮茶并不适合。茶中的咖啡碱会使大脑兴奋性增高，婴幼儿饮茶后不能入睡，烦躁不安，心跳加快，血液循环加快，使心脏负担加重。茶水具有利尿作用，而婴幼儿的肾功能尚不完善，婴幼儿饮茶后尿量增多，会影响其肾脏功能。另外，婴幼儿饮茶可能发生缺铁性贫血，并造成营养不良。所以不应给婴幼儿喝茶。

复合花草茶忌喝得太久太杂

现在，越来越多的人开始喝花草茶。用玫瑰花、桂花、菊花、薰衣草、金银花等花草来泡茶，看着花朵在水中沉沉浮浮，别有一番情趣。也有一些人喜欢用几种花草搭配成复合花草茶来喝，看起来色彩缤纷，还可以调配出自己喜欢的口味。

需要注意的是，每种花草都有各自的功效，应根据自己的身体状况来选用，不能盲目赶时髦。特别是复合花草茶更应谨慎，搭配不要太杂，尽量不要超过3种，最好能在中医师的指导下选用。另外，任何一种花草茶都不宜久饮，特别是那些身有疾患的人，更应该慎重，千万不要把花草茶当成药品，甚至取代药品。

忌盲目喝鲜花茶

现在不少女性越来越钟爱鲜花茶。每种茶叶都有它特殊的功效，但我们应针对情况饮用。菊花有降压、扩张冠状动脉、抑菌等作用；金银花主要用于治疗肿毒、热毒血痢等，夏天泡茶饮用可防治痢疾，但不适合长期饮用，虚寒体质、经期内也不宜喝；茉莉花可泡茶，但不要太多；黄杜鹃和夹竹桃等花含有毒物质，不宜泡水喝；玫瑰花气味芳香，理气活血，对面部黄褐斑有一定作用，适合中青年女性泡茶饮用。

还有很多茶叶饮用起来是非常危险的，比如自摘树叶“炮制”银杏茶。银杏叶是一种中药，但银杏叶中含有毒成分，未经处理就用其泡茶，可能引起阵发性痉挛、神经麻痹、过敏等副作用。

不少草药有一定毒性，需要加工或配上其他药性相克相辅的草药，才能避免毒性伤人。对民间“偏方”应慎之又慎，一般人对草药识别能力有限，最好别自己乱摘乱采，要到正规药店购买成品中药。

女性在特殊时期忌饮茶

茶虽然有很好的保健作用，可不是每个时段都能喝，尤其是女性朋友更应特别留意，以免身体越喝越差！女性朋友较不宜喝茶的时期有：

行经期。经血中含有比较高的血红蛋白、血浆蛋白和血红素，所以女性在经期或是经期过后时不妨多吃含铁比较丰富的食品。而茶叶中含有大量鞣酸，它妨碍着肠粘膜对于铁分子的吸收和利用。在肠道中较易同食物中的铁分子结合，产生沉淀，使补血效果不佳。

怀孕期。茶叶中含有较丰富的咖啡碱，饮茶将加剧孕妇的心跳速度，增加孕妇的心、肾负担，增加排尿，而诱发妊娠中毒，更不利于胎儿的健康发育。

临产期。在这个特殊期间饮茶，会因咖啡碱的作用而引起心悸、失眠，导致体质下降，还可能导致分娩时产妇精疲力竭、阵缩无力，造成难产。

哺乳期。茶中的鞣酸被胃粘膜吸收，进入血液循环后，会产生收敛的作用，从而抑制乳腺的分泌，造成乳汁的分泌障碍。此外，由于咖啡碱的兴奋作用，母亲不能得到充分的睡眠，而乳汁中的咖啡碱进入婴儿体内，易使婴儿发生肠痉挛，出现无故啼哭。哺乳期间内大量饮茶，还会造成乳汁分泌不足，影响婴儿的健康。

更年期。女性45岁开始进入更年期，除了头晕、乏力，有时还会出现心动过速，易感情冲动，也会出现睡眠不定或失眠、月经功能紊乱等症状。如常饮茶，可能加重这些症状，不利于顺利度过更年期。

忌饮茶过多，忌饮过浓茶

茶虽然具有降血脂、抗血栓、杀病菌、抗污染等一系列的保健作用，然而，饮浓茶也有弊端。

浓茶可促进骨质疏松。据流行病学家对4000多名内蒙古牧民的调查显示，长期喝浓茶使牧民骨质疏松程度比不饮浓茶的内地民众高17%。因茶叶内含有较多的咖啡因，而咖啡因能促使尿钙排泄，导致负钙平衡，造成骨钙流失。对易发生骨质疏松的绝经期妇女和老年人来说，浓茶是钙流失的主要因素之一，所以，饮茶应以淡为佳。

浓茶易引起贫血。有资料显示，长期饮用浓茶容易引起贫血症。现代医学研究发现，茶叶中的鞣酸会与三价铁形成不溶性沉淀，从而影响铁在体内的吸收，特别是餐后喝浓茶，会使食物中的铁因不易吸收而排出体外，长久以往就会造成贫血。

另外，大量饮浓茶会使多种营养素流失。营养专家研究发现，现代人的营养不良症并非吃得不好，而是营养摄入失衡。其中，饮浓茶是使营养失衡的一个主要因素。过量饮浓茶会增加尿量，引起镁、钾、B族维生素等重要营养素的流失。

饮茶不仅不宜太浓，而且应避免饮用太多使大量水分进入体内，致使营养素随着尿液流失。上了年纪的人如果过量饮茶会增加心脏负荷，不利于身体健康。

从保健角度来说，茶不可大杯浓饮，宜小杯淡饮

唐人宫乐图（局部）

附录

茶历史与茶文化

魏晋南北朝及以前茶情

◦ 茶情茶事

陆羽《茶经》中的“七之事”引用了多部古籍记录产茶地的内容，如三国时期魏国尚书傅巽《七诲》中的“南中茶子”一句，及西晋文学家孙楚《出歌》中的“姜、桂、茶，出巴蜀”，南朝宋的山谦之所著《夷陵图经》中“黄牛、荆门、女观、望州等山，茶茗出焉”等；东晋常璩编纂的《华阳国志》中记录的“涪陵郡……惟出茶、丹、漆、蜜、蜡”“什邡县，山出好茶”“南安、武阳，皆出名茶”。从这些古籍中可看出，六朝时期，茶叶生产已遍及长江流域各地。

南北朝时期的北魏，是北方游牧民族鲜卑族建立的政权，北魏人不习惯饮茶，而喜饮奶酪，因茶苦涩，戏称茶为酪奴（酪浆的奴婢）。三国时期魏国的张揖撰写的重要著作《广雅》中有：“荆巴间采叶作饼，叶老者，饼成以米膏出之。欲煮茗饮，先炙令赤色，捣末置瓷器中，以汤浇覆之。”记录了汉魏以前茶饮的样式。

专家认为周代的“巴蜀贡茶”应为绿茶，以此认为绿茶是中国历史上最早出现的茶类。

◦ 名茶人

晏婴——较早见于记载的用茶者

晏婴，春秋时政治家。关于茶的最早记载出现在记载晏婴言行的历史典籍《晏子春秋》中：晏婴食茗为常。可见当时茗（茶）作为食物，而不是饮料。陆羽《茶经·七之事》中：“婴相齐景公时，食脱粟之饭，炙三弋、五卵、茗菜而已。”晏婴也因此而成为目前有文字记载的最早的一位与茶密切相关的人。

王褒——较早记录茶为流通商品和民间饮品者

王褒，西汉辞赋家。宣帝时为谏议大夫。公元前59年，王褒在《僮约》中规定把煮茶、买茶作为家奴必须完成的劳役，这就说明茶叶在汉代已成为市场交易的商品和民间饮品。王褒在《僮约》中这样写道：“烹茶尽具”“武阳买茶”。

普慧大师——对茶叶的传播和发展有卓赴贡献者

普慧大师，西汉僧人。被奉甘露普慧大师，对茶叶的传播和发展有重要的贡献。清嘉庆《四川通志》有记载：“蒙山，在（名山）县西十五里。有五峰，最高者曰上清峰，其巅一石，大如数间屋，有茶七株， 生石上，无缝隙，云是甘露大师手植。”史称：“蒙山在雅州，凡蜀茶尽出此。”唐朝时，蒙顶茶已为贡茶。

华佗——最早论述了茶的保健作用的人

华佗，汉末医学家。华佗在《食论》中最早论述了茶的保健作用，指出茶味苦，饮茶益于振奋精神，可清心健脑。华佗的《食论》收录于《太平御览》卷八六七，记录茶的保健作用的文字为："苦荼久食益意思。"苦荼即指茶。

孙楚——最早为茶写诗的人

孙楚，西晋诗人。孙楚崇茶，精茶史，孙楚的《出歌》是《茶经》记录谓汉以后最早咏茶叶的诗篇之一。记载为："姜桂荼荈出巴蜀，椒橘木兰出高山"，诗篇里点明茶的原产地，与生姜、肉桂等调味品并列为巴蜀的特产。

孙皓——以茶代酒的开创者

孙皓，三国吴国皇帝，即吴末帝。孙皓开创了以茶代酒的先例，一直为后人仿效。《茶经·七之事》载："孙皓每飨宴，坐席无不率以七升为限，曜饮酒不过二升，皓初礼异，密赐茶以代酒。"

刘琨——早期有史可稽的茶人代表

刘琨，晋代诗人、将领。平生好茶，曾致书其侄刘演索茶，作《与兄子南兖州刺史演书》云："前得安州干茶二斤，姜一斤，桂一斤，皆所需也。吾体中烦闷，恒假真茶，汝可信致之。"

郭璞——是我国最早对茶的权威性考辨之人

郭璞，晋代史学家、天文学家。对茶有研究，精茶史。所撰《〈尔雅〉注》卷九《释木》"槚，苦荼"条云："树小似栀子，冬生，叶可煮作羹饮。今呼早采者为荼，晚取者为茗，一名，蜀人名之苦荼。"对《尔雅》中的"槚，苦荼"作了详细注释，对古代茶的一物多名作了澄清，还对茶树形态、性状和作用，以及采摘时期、茶名区分作了说明，是我国最早对茶的权威性考辨。

隋唐时期茶情

◦ 茶产地

隋代茶事记载不多，唐代则茶事大兴。陆羽在《茶经》中第一次归总了当时全国茶叶产地，评定各地茶叶品质，列出有代表性的茶叶品种。综合《茶经》和其他唐代文献记载，唐代茶叶产区已遍及现在的四川、陕西、湖北、云南、广西、贵州、湖南、广东、河南、浙江、江苏、江西、福建、安徽、海南等十五个省区，已与近代中国茶区的范围大致相当。

茶政策

茶政与历代的财政、国防、文化及社会生活等密切相关。唐文宗九年（835）起，茶和盐一样，成为政府专营物品，这就是古代茶的专营制度——榷茶。此后，茶叶的生产、买卖悉由官府专营。

茶叶不仅仅是百姓开门七件事之一，而且是对国家影响深远的一件政事。茶政是中唐以后历代政府对茶的种植、加工、收储、运输、销售、榷税、缉私等各项管理工作的总称。包括茶业政策的制定、各级茶事管理机构的设置和茶官的管理、茶政法规的制定颁行、茶税的征收管理，茶叶生产、流通及消费体制的建立、调整，名茶、贡茶的开发上供，茶马贸易机构、数额、比价的确定调整等等，政府对茶叶的管理，已经涵盖了从生产到经营的各个环节。

名茶和贡茶

唐代的茶叶主要为蒸青团茶（又叫团茶、饼茶、片茶），用蒸青绿茶紧压制成。还有少量的散茶和末茶，个别地方还有炒青茶。

唐代著名的散茶有蒙顶石花、麦颗、雀舌、片甲、蝉翼等。唐代名茶中还有黄茶“寿州霍山黄芽”。

唐时不但各地均有名茶入贡，而且还设立专门采制供王室御用的贡焙。唐大历五年（770），在湖州长兴及常州义兴（今江苏宜兴）交界处顾渚山设贡焙，现浙江长兴的大唐贡茶院即为当年遗址。《新唐书·地理志》中提及唐代贡茶的地方，达十七州之多，其中以阳羡紫笋和雅州的蒙顶茶最为有名。

制茶

陆羽《茶经》经过大量的实地考察，归总了前人的制茶、饮茶方法并加以规范，完善了茶具品种，并使之从其他餐饮器具中分离，大大提升了茶的文化和技术内涵。

团饼茶大体制作过程是将采摘的鲜叶蒸制杀青至滋味甘香，之后放入瓦盆，加入清泉水，用杵臼捣碎研细，再把蒸捣后的茶坯在模子里拍压成形，最后在饼茶、团茶当中穿孔，用竹条串起，焙干、封存。团饼茶形状有方有圆，大小不一。唐代饼茶表面无纹饰或有简单图纹。

唐宋时均以茶汤沫多且沫浡如乳、变幻如花为佳。

名茶人

文成公主——开创了西藏饮茶之风，酥油茶的开创人

文成公主，唐宗室女。贞观十五年（641）嫁给吐蕃松赞干布。入蕃时，带去茶叶等物品，开创西藏饮茶之风。文成公主还是西藏酥油茶创始人。在吐蕃四十年，为增进唐蕃友好，以及相互间的经济、文化交流作出了杰出贡献。

皎然——诗僧茶人，推崇饮茶

皎然，唐代诗僧。皎然既能诗文，又善烹茶，极力推崇饮茶。与茶圣陆羽交情甚笃，其与陆羽有关的诗作在《全唐诗》中有二十多首。在《饮茶歌送郑容》中说："赏君此茶祛我疾，使人胸中荡忧栗。"在《饮茶歌诮崔使君》中描绘了剡溪茶一饮、再饮、三饮的感受，在《顾渚行寄裴方舟》中，他关心紫笋茶事，在《对陆迅饮天目山茶因寄元居士晟》中，谈了品天目山茶的美好感受。

钱起——"茶会""茶宴"的最早文字记录者

钱起，唐代文学家。天宝进士，"大历十才子"之一。钱氏的《过长孙宅与朗上人茶会》，是有关"茶会"的最早文字记载。《与赵莒茶宴》，亦为茶宴始于唐代的最早文献资料。钱氏的众多茶诗对后人考证唐代茶文化的发展有重要参考价值。

陆羽——史上最牛茶人，编撰了世界上第一部茶叶专著《茶经》

陆羽，唐代著名的茶学专家，编撰世界上第一部茶叶专著。天宝十三年（754年），出游巴山峡川，考察茶事。乾元元年（758年）到升州（今江苏南京），寄居栖霞寺，钻研茶事。次年，居丹阳。上元元年（760年）到苕溪（今浙江湖州），深入茶户，采茶觅泉，评茶品水，隐居山间，最终完成了史上的首部茶叶专著《茶经》。

《茶经》系统总结唐代和唐以前有关茶叶科学的实践经验，对中国和世界茶业发展作出了不可磨灭的贡献。陆羽被后人誉为"茶仙"，奉为"茶圣"，祀为"茶神"。陆羽多才多艺，著述颇丰。《全唐诗》有陆羽一首歌："不羡黄金罍，不羡白玉杯。不羡朝入省，不羡暮登台。千羡万羡西江水，曾向竟陵城下来。"表明了陆羽的志趣品格。

白居易——将茶写入诗里，茶酒兼爱的文坛茶人

白居易，唐代诗人。白居易爱茶，自称"别茶人"。白居易一生共写过五十多首茶诗，可见他是爱喝酒也爱喝茶。在《琴茶》诗中，白氏道："琴里知闻唯渌水，茶中故旧是蒙山。穷通行止长相伴，谁道吾今无往还。"弹琴需茶，吟咏需茶。其代表作《琵琶行》中"商人重利轻别离，前月浮梁买茶去"句，记录了今江西景德镇北的浮梁县已是唐时著名茶叶集散地。《夜闻贾常州崔湖州茶山境会想羡欢宴》诗，对我国最早的长兴顾渚山贡茶院造贡茶的情景作了详细描述，为后人传诵。

名茶书及其作者

《茶经》

作者：陆羽（茶圣，茶神）

成书年代：唐代

内容：《茶经》分三卷十章，七千多字。卷上："一之源"，介绍茶树起源以及茶的性状、名称和品质；"二之具"，介绍各种采茶、制茶用具；"三之造"，论述茶叶种类及采制方法。卷中："四之器"，介绍煮茶、饮茶器皿，说明各地茶具优劣、使用规则和器具对茶汤品质的影响。卷下："五之煮"，介绍煮茶方法和水的品第；"六之饮"，介绍饮茶风俗和饮茶方法；"七之事"，引述古代有关饮茶故事、药方；"八之出"，论述全国名茶产地和茶叶品质高低；"九之略"，论述在一定条件下哪些制茶和饮茶器具可以省略；"十之图"，谓将《茶经》以上九类用绢素四幅或六幅写出张挂。

对茶的贡献：《茶经》是世界第一部茶叶专著。该书第一次较全面地总结了唐代以前有关茶叶诸方面的经验，对后世茶叶生产和茶学发展具有推动作用。清代纪昀总纂的《四库全书总目提要》称："言茶者莫精于（陆）羽，其文亦朴雅有古意。"美国威廉·乌克斯1935年版《茶叶全书》："中国学者陆羽著述第一部完全关于茶叶之书籍，于是在当时中国农家以及世界有关者，俱受其惠。"该书有宋代陈师道、明万历戊子年（1588年）陈文烛与王寅、李维桢、鲁彭诸人序言，有张睿卿、童承叙跋语。也有的版本以唐代皮日休《茶中杂序》作为《茶经》序。

《茶记》

作者：陆羽

成书年代：唐代

内容：原书已佚，北宋王尧臣等《崇文总目》、南宋郑樵《通志·艺文略》《宋史·艺文志》均载书目，但清人钱侗以为《茶记》即《茶经》。

对茶的贡献：茶叶专著。

《顾渚山记》

作者：陆羽

成书年代：唐代

内容：唐代陆羽撰。原书已佚。唐代皮日休《茶中杂序》说"其中多茶事"。书目见南宋晁公武《郡斋读书志》及陈振孙《直斋书录解题》。

对茶的贡献：茶叶专著。

《煎茶水记》

作者：张又新

成书年代：唐代

内容：全书约950字，专门论述茶汤与水质的关系，茶汤与器具的关系。前列刘伯刍所品七水，次列陆羽所品二十水，又以"显理鉴物"之态，亲身验证，细加辨析，指出山水、江水、河水、井水性质不同，对茶汤影响不同。

对茶的贡献：品茶专著。主张煎器应洁净，煎时用文火炭炉，均为提高茶汤品质的条件。

《采茶录》

作者：温庭筠

成书年代：约成书于唐咸通元年（860）

内容：北宋时佚。南宋郑樵《通志》著录三卷，《新唐书·艺文志》、北宋王尧臣等《崇文总目·小说类》等著录一卷。元末陶宗仪《说郛》和清代陈梦雷《古今图书集成·食货典》所收不足400字，应系节录，仅存辨、嗜、易、苦、致五类六则。

对茶的贡献：茶叶专著。

《十六汤品》

作者：苏廙

成书年代：唐代

内容：凡一卷，分十六品论述茶汤品质高低。煎茶之法，以老嫩言者凡三品；注茶之法，以缓急言者凡三品；用器之品，以器类标者共五品；煎茶之薪，以燃料不同分为五品。对讨论烹茶方法颇为有益，但文字散漫，近似游戏文章。

对茶的贡献：品茶专著。

《茶诀》

作者：释皎然

成书年代：唐代

内容：凡一卷。明代杨慎《升庵全集》下册卷六十九："《茶诀》今不传。"内容今不可考。

对茶的贡献：茶叶专著。

《茶述》

作者：斐汶

成书年代：唐代

内容：原书已佚，仅清代陆廷灿《续茶经》卷上存数百字，叙茶功和茶品。

对茶的贡献：茶叶专著。

《茶酒论》

作者：王敷

成书年代：唐代

内容：以故事赋形式反映茶与酒的密切关系，将茶、酒拟人化，争论各自价值。明代邓志谟撰《茶酒争奇》即由此敷衍，民间传说《茶酒仙女》（藏族）、《茶和酒》（布依族）均为其衍化。

对茶的贡献：赋体茶著。敦煌石窟遗书存六个抄卷，一说为唐贞元十九年（803年）抄本，另一说为宋开宝三年（970年）抄本。今人参校后收入《敦煌变文集》。

名茶诗歌及其作者

一字至七字诗《茶》

唐・元稹

茶。

香叶，嫩芽。

慕诗客，爱僧家。

碾雕白玉，罗织红纱。

铫煎黄蕊色，碗转麴尘花。

夜后邀陪明月，晨前命对朝霞。

洗尽古今人不倦，将知醉后岂堪夸。

诗中概括地叙述了茶叶品质、人们对茶叶的喜爱、饮茶习惯以及茶叶的功用。这首诗按字句分层排列像一座宝塔，即“宝塔体”，形式非常有趣，很容易被人记住。

七碗茶歌

唐・卢仝

一碗喉吻润，两碗破孤闷。

三碗搜枯肠，惟有文字五千卷。

四碗发轻汗，平生不平事，尽向毛孔散。

五碗肌骨清，六碗通仙灵。

七碗吃不得也，唯觉两腋习习清风生。

蓬莱山，在何处？玉川子，乘此清风欲归去。

“七碗茶歌”是卢仝的七言古诗《走笔谢孟谏议寄新茶》后半部分中的几句，被人们广为传颂。这几句诗文辞优美，想象力丰富，表达了对茶的深切感受。特别是对饮七碗茶的描述，更为传神，可谓脍炙人口，历久不衰。此诗古人评价很高，并多为后人引用，如苏东坡《汲江煎茶》《试院煎茶》等，都化用了卢仝诗句。

忆茗芽

唐・李德裕

谷中春日暖，渐忆掇茶英。

欲及清明火，能消醉客酲。
松花飘鼎泛，兰气入瓯轻。
饮罢闲无事，扪萝溪上行。

此诗写作者回忆在乡间采茶、煎茶、尝茶的情景，充满着朴实自然的乡土气息。

题禅院

唐·杜牧

觥船一棹百分空，十岁青春不负公。
今日鬓丝禅榻畔，茶烟轻飏落花风。

作者在禅院煎茶饮茶，追述过去十年，纵酒吟诗，十分快意。如今人老鬓丝渐稀，面对茶烟，不胜感慨。“鬓丝”“茶烟”句常为后人引用。

宋元时期茶情

◦茶产地

宋元茶情大盛，主要产茶区为长江流域和淮南一带，其中以四川为多，其次是江南路（宋代的“路”与现代的“省”范围大致相似）、淮南路、荆湖路、两浙路；福建路产茶最少。元代茶叶产地主要分布在长江流域、淮南及两广一带，主产区有江西行省（元代地方最高行政机构称“中书省”，简称“行省”）、湖广行省，大致沿袭宋代茶叶产地。

◦茶政策

宋代是茶政最为完备、严密的时期。宋代茶叶行榷之时，仍行通商之法。或商或榷，一切以增加财政收入、安边和军需为前提，推行了所谓“交引制”，对缓解当时宋政权财政和国防危机，起到一定作用。

茶马政策——以茶易马，始于唐代，是唐代以来各朝制定推行的一种以茶和其他货币与边疆少数民族换取马匹的政策。

中国现存文献中有关以茶易马的最早记载是封演（唐贞元年间）的《封氏闻见记》：茶“始自中原，流于塞外。往年回鹘入朝，大驱名马，市茶而归”。西北少数民族向中原市马或献马，“中原按值回赐金帛”的时间，可上溯到唐开元年间，但当时茶马互市并未形成一种定制。直至宋神宗熙宁七年（1074年），朝廷遣李杞入蜀置买马司，于秦、凤诸州，熙河路设官茶场，规定以川茶交换“西番”马匹，以茶易马才确立为一种政策。

入宋后，由于社会经济、军事的需要，仍然实施榷茶制度。商人买茶，必先到榷货务交纳钱帛，由榷务发给票券（茶引），茶商再到指定的山场兑茶。

元代因其本部蒙古产马，未实行茶马交易之制，但沿用宋代榷茶制度。

◦ 名茶和贡茶

宋代茶叶分散茶、片茶两种，仍以龙团凤饼为主，只是制作较唐代更为精细。

袭唐贡茶制，宋代贡茶仍以采造团饼为主。宋代贡茶更盛。入宋以后，宋太祖首先易贡焙于建州北苑。《宋史·食货志·茶下》：“建宁蜡茶，北苑为第一。其最佳者曰社前，次曰火前，又曰雨前，所以供玉食、备赐予。太平兴国始置。大观以后制愈精，数愈多，胯式屡变而品不一，岁贡片茶二十一万六千斤。”元代御茶园由建瓯移焙邻近的武夷山。

宋代著名的散茶（即为唐代蒸青和炒青之类）有蒙顶石花、峨眉白芽茶、峡州紫花芽茶、双井白芽、庐山云雾、宝云茶、日铸雪芽等；元代著名的散茶有探春、先春、次春、紫笋、雨前、岳麓茶、龙井茶、阳羡茶等。

◦ 制茶

宋代茶类及制茶方法与唐代基本相同，但制法有所改进，贡茶和斗茶制度逐渐形成，并造出各种大小不同的龙团和凤饼茶，名目繁多。

唐代碎茶用杵臼手工捣舂，宋代改杵臼为碾，甚至用水力碾磨加工。拍制工艺较唐代精巧，“饰面”图案有大发展，图文并茂，龙腾凤翔，饼茶表面龙凤纹饰极为讲究，并有吉祥的茶名，如万寿龙芽、无疆寿比、瑞云翔龙、长寿玉圭、太平嘉瑞等。

宋代中期后，由于片茶追求精细，销路日窄，适合民间饮用的散茶兴起，至宋代后期，散茶替代片茶，居主导地位。

元代基本沿袭宋代后期的生产格局，以制造散茶和末茶为主。宋代散茶、末茶未形成单独完整的工艺，实为团茶制作工艺的省略。元代出现了类似近代蒸青的生产工艺，即将采下的鲜叶先在釜中稍蒸，再放到筐箔上摊凉，然后趁湿用手揉捻，最后入焙烘干。我国蒸青绿茶的制造工艺在元代已基本定型。

◦ 名茶人

欧阳修——双井茶的推崇者

欧阳修，北宋文学家。“唐宋八大家”之一。平生爱茶，最推崇洪州（今江西修水）双井茶。所著《归田录》载：“自景祐（1034~1037）以后，洪州双井白芽渐盛。近岁制作尤精，囊以红纱，不过一二两，以常茶十数斤养之，用辟暑湿之气，其品远出日注上，遂为草茶第一。”又写过多首茶诗，其中以《双井茶》最令人喜爱：“长安富贵五侯家，一啜尤须三日夸。”双井茶也因欧阳公的诗文而蜚声京师。

蔡襄——书法家茶人，著有《茶录》

蔡襄，北宋书法家。蔡氏喜茶、懂茶，对福建茶业发展有贡献。在福建任职期间，著有《茶录》，对茶品、制茶、烹茶、贮茶都有独到论述。当时视为朝廷珍品的小龙团茶，有“始于丁谓，成于蔡襄”之说。宋《渑水燕谈录》载：“庆历中，蔡君谟为福建路转运使，始造小团以充岁贡，一斤二十饼，所谓上品龙茶者也，仁宗尤所珍惜。”蔡氏还爱评茶斗茶，宋代江休复《嘉杂志》有载。直到老年，蔡氏仍“烹而玩之”，茶不离手。

苏轼——从来佳茗似佳人

苏轼，北宋文学家。苏轼精于煎茶、饮茶，在岭南还曾种茶，写过《漱茶说》《书黄道辅〈品茶要录〉后》等专论，又有咏茶诗词数十首，其中《次韵曹辅寄壑源试焙新芽》：“要知玉雪心肠好，不是膏油首面新。戏作小诗君勿笑，从来佳茗似佳人。”最为后人称道。特别是“从来佳茗似佳人”一句，后人把它与东坡所作《饮湖上初晴后雨》中的“欲把西湖比西子”一句，集成一副茶联，用以誉茶。

赵顼——正式成立“以茶易马、茶马互市”机构的皇帝

赵顼，即宋神宗。在川、陕创立办理茶马互市的专门机构。熙宁七年（1074年）遣李杞入蜀置买马司，于秦风、熙河诸路设立官茶场，规定以四川之茶易西番之马，正式颁布“以茶易马”政策，为明、清沿用。

赵佶——编茶书的皇帝

赵佶，即宋徽宗。赵佶工书画，通茶艺。赵佶自己嗜茶，还擅斗茶和分茶之道，提倡百姓普遍饮茶。宋代斗茶之风盛行，制茶之工益精，贡茶之品繁多，与赵佶的爱茶、倡茶关系密切。赵佶以皇帝之尊，于大观元年（1107年）编著《茶论》（后《说郛》中收此书称之为《大观茶论》），共二十目，从茶树栽培、茶叶采制，直到茶的烹试、鉴评都有记述，至今尚有借鉴和研究价值。

陆游——撰写茶诗最多的诗人

陆游，南宋诗人。因陆游当过十年茶官，有机会接触众多茶事，品饮过许多名茶，先后写下了300多首茶诗，是传世茶诗最多的诗人。其《八十三吟》中写道：“桑苎家风君勿笑，他年犹得作茶神。”以同族陆羽“茶神”自比。

杨万里——用诗歌记录“斗茶”“分茶”之人

杨万里，南宋诗人。性嗜茶，精品茗，赋有多首咏茶诗，以诗详细地记录下当时盛行的“斗茶”“分茶”的场面。《澹庵坐上观显上人分茶》云：“分茶何似煎

茶好，煎茶不似分茶巧。蒸水老禅弄泉手，隆兴元春新玉爪。二者相遭兔瓯面，怪怪奇奇真善幻。纷如擘絮行太空，影落寒江能万变。”

赵希鹄——最早系统记述花茶所用香花和窨花方法的学者

赵希鹄，南宋文学家。于1240年前后著《调燮类编》，为最早系统记述花茶所用香花和窨花方法的学者。赵希鹄的花茶窨制技术及文字记述，对现代花茶窨制有参考作用，且为中国花茶至迟起源于南宋提供了佐证。此外，还辑录了焙茶、藏茶、品茶、茶水、茶具等资料。赵希鹄提出“木樨、茉莉、玫瑰、蔷薇、兰蕙、橘花、栀子、木香、梅花，皆可作茶。”关于窨花方法，赵氏认为，“如莲花茶，于日未出时，将半含莲拨开，放细茶一撮，纳满蕊中，以麻皮略扎，令其经宿，次早倾出，用建纸包茶焙干”即成。强调选用的鲜花“摘其半含半放香气全者”为好。

名茶书及其作者

《茗录》

作者：陶谷

成书年代：宋代

内容：原载《清异录》卷四，明代喻政除去第一条（即苏廙《十六汤品》）后，改题《茗录》，作专书收入《茶书全集》。约一千字，分为十八条，内容为茶的故事，即龙坡山子茶、圣杨花、汤社、缕金耐重儿、乳妖、清人树、玉蝉膏、森伯、水豹囊、不夜侯、鸡苏佛、冷面草、晚甘侯、生成盏、茶百戏、漏影春、甘草癖、苦口师。

对茶的贡献：《茗录》是一部对后世有重要参考意义的茶叶专著。

《北苑茶录》

作者：丁谓

成书年代：宋代

内容：亦称《建安茶录》。著作记述贡茶采制之法。南宋晁公武《郡斋读书志》：“谓咸平中为闽漕，监督州吏，创造规模，精致严谨。录其园焙之数，图绘器具，及叙采制入贡法式。”宋代蔡襄《茶录》云：“丁谓茶图，独论采造之本，至于烹试，曾未有闻。”据此，略知该书内容。

对茶的贡献：茶叶专著。

《补茶经》

作者：周绛

成书年代：宋代

内容：南宋晁公武《郡斋读书志》：“绛，祥符初知建州，以陆羽《茶经》不载建安，故补之。”“丁谓以为茶佳不假水之助，绛则载诸名水云。”

对茶的贡献：茶叶专著。

《茶录》

作者：蔡襄

成书年代：宋代

内容：著作共两卷，附前后自序。因“陆羽《茶经》不第建安之品，丁谓《茶图》独论采造之本，至于烹试，曾未有闻”（见自序），故该书专论烹试之法。上篇茶论，分色、香、味、藏茶、炙茶、碾茶、罗茶、候汤、熁盏、点茶十目，主要论述茶汤品质与烹饮方法；下篇器论，分茶焙、茶笼、砧椎、茶钤、茶碾、茶罗、茶盏、茶匙、汤瓶九目，谈烹茶所用器具。据此，可见宋时团茶饮用状况和习俗。该书有自序、治平元年后序、同年欧阳修序。

对茶的贡献：茶叶专著。

《东溪试茶录》

作者：宋子安

成书年代：宋代

内容：全书约三千多字，首为绪论，次分总叙焙名、北苑（曾坑、石坑附）、壑源（叶源附）、佛岭、沙溪、茶名、采茶、茶病八目。叙述诸焙沿革及所隶茶园的位置与特点，颇为详尽；所论茶叶品质与产地自然条件的关系，亦颇有见地。

对茶的贡献：茶叶专著。

《品茶要录》

作者：黄儒

成书年代：宋代

内容：全书近二千字，前后各有总论一篇，中分采造过时、白合盗叶、入杂、蒸不熟、过熟、焦釜、压黄、渍膏、伤焙、辨壑源沙溪十目。主要辨别建安茶品质优劣与采制、烹试中掺杂等弊病的关系。

对茶的贡献：茶叶专著。

《本朝茶法》

作者：沈括

成书年代：宋代

内容：原为《梦溪笔谈》卷十二中的一段，元末陶宗仪《说郛》将其作为专书录出，并以该段首四字题书名。全文约一千一百字，主要记述宋朝茶税和茶叶专卖，对研究茶史和茶文化有一定参考价值。

对茶的贡献：茶税茶法专著。

《大观茶论》

作者：赵佶

成书年代：宋朝

内容：《大观茶论》共二十篇，详细地记述了茶的产地，生长环境，生长与气候的关系，采摘时间、采摘方法、蒸茶工序、制茶工序，对饼茶质量的鉴别，以及点茶用的各种器具，如罗碾、茶盏、茶筅、汤瓶、茶匙等，还有点茶之水，点茶方法（从一汤到七汤），茶汤的色、香、味，茶叶的烘焙和贮存，茶名以及茶的外焙等，内容丰富。

对茶的贡献：推动了宋朝的茶文化发展。在历史上皇帝写茶书可谓第一人。

《斗茶记》

作者：唐庚

成书年代：宋代

内容：该书实为四百余字的短文，清代陶重编印《说郛》，将其作专书收入。该文记作者于政和二年三月，与二三友人在寄傲斋，取近在数十步的支龙塘水烹茶，"而第其品，以某为上，某次之"，"然大较精绝"，据此可见宋时士大夫斗茶之风。

对茶的贡献：茶事专论。

《宣和北苑贡茶录》

作者：熊蕃

成书年代：宋代

内容：亦称《宣和贡茶经》。全书初刊于宋孝宗淳熙九年（1182）。后清人汪继壕为此书所作按语亦附入其中。清代顾修《读画斋丛书》本和南京图书馆汪氏旧藏钞本，内容最为详尽。全书正文约一千八百字，图三八幅，旧注约千字，汪继壕按语有二千余字。此书详述建茶沿革和贡品种类，并附载图形和大小分寸，可见当时贡茶品种形制。旧注和汪氏按语博采群书，便于考证。该书有其子熊克于绍兴戊寅（1158年）和淳熙壬寅（1182年）分别写的跋，明代徐跋，以及清嘉庆庚申（1800年）汪继壕后跋，是研究宋代茶业的重要文献。

对茶的贡献：茶叶专著。

《北苑别录》

作者：赵汝砺

成书年代：宋代

内容：全书正文二千八百余字。旧注七百余字，清代汪继壕补注约二千多字。

书首有总序，次分御园、开焙、采茶、拣茶、蒸茶、榨茶、研茶、造茶、过黄、纲次、开畲、外焙十二目，综记福建建安御茶园址沿革和茶园管理，贡茶的采制、种类、数量、装饰、价格，以及包装、运输过程等。该书有赵汝砺自序及后序，还有徐、汪继壕跋。

对茶的贡献：茶叶专著。

《茶具图赞》

作者：审安老人

成书年代：宋代

内容：该书集绘宋代著名茶具十二件，每件各有赞语，并假以职官名氏，计有韦鸿胪、木待制、金法曹、石转运、胡员外、罗枢密、宗从事、漆雕秘阁、陶宝文、汤提点、竺副帅、司职方。该书有芝园主人茅一相序、朱存理后序，另有明正德六年（1511年）沈杰总序。

对茶的贡献：茶具专著。此书可见古代茶具形制，其中铁碾槽、石磨、罗筛等为宋时制造团茶专用，明朝已无这些器具。

◦名茶诗歌及其作者

汲江煎茶

北宋·苏轼

活水还须活火烹，自临钓石取深清。
大瓢贮月归春瓮，小勺分江入夜瓶。
雪乳已翻煎处脚，松风忽作泻时声。
枯肠未易禁三碗，坐听荒城长短更。

这首七律描绘的是作者于海南月夜，取江水煎茶，独自品茗，荒寞的意境，细腻而洒脱。南宋诗人杨万里对这首煎茶诗高度评价："七言八句，一篇之中，句句皆奇。一句之中，字字皆奇。古今作者皆难之。"

龙凤茶律

北宋·王禹偁

样标龙凤号题新，赐得还因作近臣。
烹处岂期商岭外，碾时空想建溪春。
香于九畹芳兰气，圆似三秋皓月轮。
爱惜不尝惟恐尽，除将供养白头亲。

作者得到了皇帝恩赐的龙凤茶，心情十分激动，浮想联翩，写下了这首诗。

煮茶

北宋・晏殊

稽山新茗绿如烟，静挈都篮煮惠泉。

未向人间杀风景，更持醪醑醉花前。

作者以惠山泉烹日铸茶，同时饮酒、赏花、赋诗，也不管人们所说的“对花啜茶”是杀风景。

蒙顶茶

北宋・文彦博

旧谱最称蒙顶味，露芽云液胜醍醐。

公家药笼虽多品，略采甘滋助道腴。

旧谱指昔时的诗作。露芽，蒙顶茶。醍醐，精制的奶酪，味极甘美。药笼，盛药的器具。道腴，道之真源。言饮一点甘美的蒙顶茶，胜过奶酪，胜过良药，还有助于研究道之真源。

惠山谒钱道人烹小龙团，登绝顶望太湖

北宋・苏轼

踏遍江南南岸山，逢山未免更流连。

独携天上小团月，来试人间第二泉。

石路萦回九龙脊，水光翻动五湖天。

孙登无语空归去，半岭松声万壑传。

诗中的“独携天上小团月，来试人间第二泉”，脍炙人口，常为后人所引用。

双井茶送子瞻

北宋・黄庭坚

人间风日不到处，天上玉堂森宝书。

想见东坡旧居士，挥毫百斛泻明珠。

我家江南摘云腴，落硙霏霏雪不如。

为君唤起黄州梦，独载扁舟向五湖。

作者把珍贵的“双井茶”送给老师，自有一片尊师之心。诗中对苏轼十分崇敬，赞美东坡诗文字字珠玑，心志高洁。

宫词九十首之三十九

北宋・赵佶

今岁闽中别贡茶，翔龙万寿占春芽。

初开宝箧新香满，分赐师垣政府家。

福建贡来春茶珍品翔龙、万寿，打开茶叶盒子，顿觉茶香扑鼻，于是分一点给近臣，让他们也一饱口福。

喜得建茶

南宋·陆游

玉食何由到草莱，重奁初喜坼封开。

雪霏庾岭红丝硙，乳泛闽溪绿地材。

舌本常留甘尽日，鼻端无复鼾如雷。

故应不负朋游意，自挈风炉竹下来。

陆游得到了珍贵的“建茶”，十分高兴，便打开茶盒，用红丝碨把它碾碎，然后煎了喝，觉得舌本留甘，睡意全无。为了不辜负朋友们的好意，便又拿着风炉到竹林里去一道煎饮。关于茶的滋味，陆游在他的许多诗里曾有过各种描写，如：“舌根茶味永”(《懒趣》)，“茶味森森留齿颊”(《饭后忽邻父来戏作》)，“茶甘半日如新啜”(《初秋杂咏》)，“瓯聚茶香爽齿牙”(《杂兴》)，“客散茶甘留舌本”(《晚兴》)等。

明清时期茶情

◦茶产地

明代时，很多著名的茶叶产地出现，如浙江杭州的龙井、福建的武夷、湖南的宝庆、云南的五华、江苏苏州的虎丘、安徽休宁的松萝等。清代茶树种植范围扩大，面积、产量剧增，湖北兴起砖茶，福建兴起乌龙茶。江西、安徽、浙江、江苏多地是绿茶著名产地，四川是边茶著名产地，湖南的安化、安徽的祁门一带、江西修水等地是著名红茶产地，广东罗定是珠兰茶的著名产地。

◦茶政策

明、清二代，均沿用宋代茶马政策，在川、陕设立专门机构，更增设云南北胜州茶马市，用于对藏族易马。民国郭则《竹轩摭录》：“康熙时，敕遣专官管理茶马，至四十四年（1705年），始由甘抚兼管。”茶马交易的政策，才渐自行废止。

明代榷制订立以后较稳定和完备，清代榷制沿袭明制。至嘉庆以后，茶的外销益盛，改榷茶为收厘金，自此榷茶渐为苛征捐税替代。

◦名茶、贡茶及茶类

明代朱元璋于洪武二十四年（1391年）颁发了罢团茶改贡芽茶的诏令后，团饼茶生产日衰，渐被淘汰。同时，这一举措大力地推动了中国散茶生产和用开水冲泡饮茶方式的发展，散茶终成日后茶叶的主流形式。

清代贡茶与明制同，各地名茶均在贡茶之列。贡茶制度在一定程度上促进了名茶开发及茶叶栽培、采造技术的提高，并促进了包装、贮存技术的进步。

至明代末期，各产茶地几乎都生产散茶。加上唐代及以前始制的绿茶和黄茶，明清时期，现代所有茶类均已完善。

白茶

白茶的前身是宋代绿茶三色细芽、银丝水芽，明代田艺蘅《煮茶小品》载有类似白茶的制法："茶者以火作者为次，生晒者为上，亦近自然，且断烟火气耳……生晒者瀹之瓯中，则旗枪舒畅，清翠鲜明，尤为可爱。"看这样的描写，颇似高品质的白牡丹。

乌龙茶

乌龙茶有始于北宋和始于清咸丰等多种说法。学者一般认为，乌龙茶始制于明末，盛于清初。其发源地也有闽南及闽北武夷山两种学说。

黑茶

黑茶从明代中期开始生产，如湖南的安化等地都是明代黑茶的著名产地。黑茶形式多为团饼茶，主要供边销或易马。

红茶

红茶起源于福建崇安（今武夷山市），清代刘靖《片刻余闲集》："山之第九曲尽处有星村，为行家萃聚。外有本省邵武、江西广信等处所产之茶，黑色红汤，土名江西乌，皆私售于星村各行"。

花茶

花茶发端于宋代，兴盛于明清，明代钱椿年《茶谱》（1539年）："木樨、茉莉、玫瑰、蔷薇、兰蕙、橘花、栀子、木香、梅花皆可作茶。"明代顾元庆《茶谱》（1541年）记述了古时莲花茶的制作："莲花茶，于日未出时，将半含莲花拨开，放细茶一撮纳满蕊中，以麻略扎，令其经宿，次早摘花倾出，用纸包茶焙干。再如前法，又将茶叶入别蕊中，如此者数次，取者焙干收用，不胜香美。"

◦制茶

明代制茶以制散茶为主，制茶技术有较大发展，制茶时杀青由蒸改为炒。明代张源《茶录》："造茶。新采，拣去老叶及枝梗碎屑。锅广二尺四寸，将茶一斤半焙之，候锅极热，始下茶急炒，火不可缓，待熟方退火，撒入筛中，轻团数遍，复下锅中，渐渐减火，焙干为度。”可见中国古代炒茶技术在500多年前就已成熟。

与之相配合的，饮茶逐渐由煮饮改为开水冲泡。明代陈师《茶考》：“杭俗烹茶，用细茗置茶瓯，以沸汤点之，名为撮泡。”由于散茶发展，末茶不断减缩，使炒青绿茶制造达到相当水平。除了明代炒青绿茶的兴起，新兴和创立起来的还有黑茶、熏花茶、乌龙茶、红茶等。自此，中国由单一的绿茶类向多茶类发展。

清代制茶工艺发展迅速，茶叶品类已从单一的炒青绿散茶发展到品质特征各异的绿茶、黄茶、黑茶、白茶、乌龙茶、红茶、花茶等多茶类，制茶工艺也有了空前的发展和创新，当时中国已成为世界上具有精湛制茶工艺和丰富茶类的国家。

名茶人

朱元璋——废团茶兴散茶，促进茶类改制

朱元璋，即明太祖。执政期间厉行“茶马政策”，凡贩运私茶出境，一经查获，以“通番论罪”，茶贩均处以极刑，把关吏员亦凌迟处死。其婿驸马都尉欧阳伦，因贩私茶，处以死罪；家奴周保及陕西布政司均处重典。洪武二十四年（1391）下诏废团茶，兴叶茶，罢造龙团，仅采芽茶以进，分探春、先春、次春、紫笋等四品，促进茶类改制。

朱权——创新饮茶法的剧作家

朱权，明太祖第十七子，封宁王。好学博古，著述颇丰。于1440年前后著《茶谱》，反对茶中掺香料，力主清饮，提倡饮散叶茶，为当时饮茶法之创新主张，一直流传至今。

李时珍——对茶的特性和保健作用从药物学的角度作了论述

李时珍，明代药物学家。其花费27年时间写成的药物学巨著《本草纲目》，对茶的特性、保健作用从药物学的角度作了论述。该书对茶论述详细内容：“茶苦而寒，阴中之阴，沉也降也，最能除火，火为百病，火降则上清矣。”茶“又兼解酒食之毒，使人神思闿爽，不昏不睡，此茶之功也。”

张大复——提出水质能直接影响茶质的专业问题

张大复，清代文学家。好茶，善饮茶。张大复认为水质能直接影响茶质，著《梅花草堂笔谈》，提出“茶性必发于水，八分之茶，遇十分之水，茶亦十分矣；八分之水，试十分之茶，茶只八分耳”。

郑燮——难得糊涂“来吃茶”

郑燮，即郑板桥，清代书画家、文学家。久居扬州卖画，精诗、书、画，人称“三绝”，为“扬州八怪”之冠。平日与茶结缘，写过许多茶诗、茶联，雅俗共赏，为后人称道。特别是郑氏写的《竹枝词》“郎若闲时来吃茶”句，一语双关：

请郎既来喝茶，又来行聘，传递爱的信息，为后人广为传诵。著有《板桥全集》。

曹雪芹——一部《红楼梦》满纸茶叶香

曹雪芹，清代小说家。是将众多茶叶、吃茶、煮茶等带入文学作品的小说家。其创作的《石头记》(即《红楼梦》)为中国古典小说写茶典范，书中有关茶者有二百六十多处。尤以第四十一回“贾宝玉品茶栊翠庵，刘姥姥醉卧怡红院”最为人称道。全书提到的茶名有枫露茶、六安茶、老君眉、普洱茶、女儿茶、龙井茶、漱口茶、茶面子八种。沏茶水有旧年蠲的雨水、梅花雪水两种。吃茶场面涉及细饮慢品、家常吃茶、礼貌应酬茶、饮宴招待茶等多种。另多次写茶房与煮茶用具以及以茶祭祀、以茶论婚嫁、吃“年茶”等饮茶风俗，还多次以茶入诗词。

爱新觉罗·弘历——十八棵“御茶”，嗜茶的皇帝

爱新觉罗·弘历，即清高宗，乾隆帝。嗜茶。乾隆多次微服访问杭州西湖龙井茶区。相传乾隆曾在狮峰山下的胡公庙前采茶，后人称这十八棵茶树为“御茶”，至今尚存。民间流传乾隆嗜茶胜过皇位轶事一则：其85岁退位时，一位老臣惋惜地说：“国不可一日无君!”乾隆幽默对曰：“君不可一日无茶!”

张文卿——著名茶庄“张一元”的创始人

张文卿，清代茶商。安徽歙县潭村人。北京著名茶庄“张一元”的创始人。清光绪十年（1884年）在北京“荣泰茶店”当学徒，光绪二十二年（1896年）摆茶摊。光绪二十六年（1900年）在北京花市大街开设“张玉元茶庄”，光绪三十四年（1908年）改为“张一元茶庄”，1912年在前门外大栅栏开设“张一元文记茶庄”，1930年后又改为“张一元茶庄”。北京城区多数茶馆、澡堂、旅店、戏院均为其代销茶叶，并远销天津、河北、内蒙古和东北各省。经营茶类有红茶、绿茶、花茶、紧压茶、乌龙茶等。开创了邮购、电话订货、送货上门等茶叶促销的业务方式。

名茶书及其作者

《茶谱》

作者：朱权

成书年代：明代

内容：《茶谱》全书约二千字，除绪论外，分品茶、收茶、点茶、熏香茶法、茶炉、茶灶、茶磨、茶碾、茶罗、茶架、茶匙、茶筅、茶瓯、茶瓶、煎汤法、品水16则。此书独创蒸青叶茶的烹饮方法，与唐宋传统使用的团茶烹饮方法不同，反对制蒸青团茶杂以诸香料，以求茶香之本真。

对茶的贡献：品茶专著。对了解和研究饮茶方法的历史变化有重要参考价值。

《茶马志》

成书年代：明代

作者：陈讲

内容：《茶马志》此书四卷，系陈讲任御史巡视陕西马政时所作。其中“茶马卷”记以茶易番马之制；清代纪昀等《四库全书总目》称此书“摭叙原委颇详”。

对茶的贡献：茶马制度专著。

《煎茶七类》

作者：徐渭

成书年代：明代

内容：有《续说郛》本、《居家必备》本。为250字短文，分为人品、品泉、烹点、尝茶、茶候、茶侣、茶勋七则。与明代陆树声《茶寮记》中“煎茶七类”相同，恐系《续说郛》本误题。

对茶的贡献：谈茶专文。

《阳羡茗壶系》

作者：周高起

成书年代：明代

内容：《阳羡茗壶系》此书专记阳羡茗壶制作及名家，分为创始、正始、大家、名家、雅流、神品、别派数则，又记时大彬等十余位著名陶工的不同特点，其后穿插异僧指示山中的五色土穴之神话，并考证宜兴壶泡茶过夜不馊之不实。作者认为“壶宜小不宜大，宜浅不宜深，壶盖宜盎不宜砥”，颇有见地。

对茶的贡献：茶具专著。

《茶史》

作者：刘源长

成书年代：清代

内容：《茶史》上卷记茶品，分茶之原始、茶之名产、茶之分产、茶之近品、陆鸿渐品茶之出、唐宋诸名家品茶、袁宏道《龙井记》、采茶、焙茶、藏茶、制茶。下卷记饮茶，分品水、名泉、古今名家品水、欧阳修《大明水记》、欧阳修《浮槎山水记》、叶清臣《述煮茶泉品》、贮水、汤候、苏廙《十六汤品》、茶具、茶事、茶之隽赏、茶之辨论、茶之高致、茶癖、茶效、古今名家茶咏、杂录、志地。虽有些好资料，但体例颇芜杂，故《四库全书总目》评曰：“卷端题名自称曰八十翁，盖暮年颐养，故以寄意而已，不足言著书也。”重刊本前有康熙十四年（1675年）陆求可序，十六年（1677年）李仙根序，雍正六年（1728年）张廷玉序；后有康熙中刘谦吉跋，雍正中刘乃大跋，并附刻清人余怀《茶史补》。

对茶的贡献：茶史专著。

名茶诗歌及其作者

煮雪斋为贡文学赋禁言茶七律

明·高启

自扫琼瑶试晓烹，石炉松火两同清。
旋涡尚作飞花舞，沸响还疑洒竹鸣。
不信秦山经岁积，俄惊蜀浪向春生。
一瓯细啜真天味，却笑中泠妄得名。

该诗主要写煮茶，由于诗题要求诗中不能着一茶字，于是作者句句用典，施展出高超的写作技巧，写出了一篇没有茶字的“煮茶”诗。如诗的首句：“自扫琼瑶试晓烹”，以“试晓烹”代言“烹茶”。又如“一瓯细啜真天味”，以“一瓯细啜”代言“啜茶”。

饮玉泉

明·吴宽

龙唇喷薄净无腥，纯浸西南万叠青。
地底洞名疑小有，江南名泉类中泠。
御厨络绎驰银瓮，僧寺分明枕玉屏。
曾是宣皇临幸处，游人谁复上高亭。
垂虹名在壮神都，玄酒为池不用沽。
终日无云成雾雨，下流随地作江湖。
坐临且脱登山屐，汲饮重修调水符。
尘渴正须清冷好，寺僧犹自置茶垆。

玉泉水本是“御厨”所用，诗中极力渲染玉泉水之名贵绝妙，最后归结到“尘渴正须清冷好”。

雪水茶

清·杜岕

瓢勺生幽兴，檐楹栊瀑泉。
倚窗方乞火，注瓮想经年。
寒气销三夏，香光照九边。
旗枪如欲战，莫使乱松烟。

作者用贮存在瓮中的雪水煮茶，饮之感到周身凉爽，且茶的香气、色泽都很好。

北山啜茗

清·杜岕

雪罢寒星出，山泉夜煮冰。
高窗斟苦茗，远壑见孤灯。
拾级瓢常润，归房杖可凭。
下方钟鼓发，残月又东升。

诗写雪夜饮茶。寒夜之景，孤寂之情，颇有余味。

家兖州太守赠茶

清·郑燮

头纲八饼建溪茶，万里山东道路赊。
此是蔡丁天上贡，何期分赐野人家。

作者意外地得到了名贵的茶叶，写诗表达感激喜悦之情。

观采茶作歌

清·爱新觉罗·弘历

火前嫩，火后老，惟有骑火品最好。
西湖龙井旧擅名，适来试一观其道。
村男接踵下层椒，倾筐雀舌还鹰爪。
地炉文火续续添，乾釜柔风旋旋炒。
慢炒细焙有次第，辛苦工夫殊不少。
王肃酪奴惜不知，陆羽《茶经》太精讨。
我虽贡茗未求佳，防微犹恐开奇巧。
防微犹恐开奇巧，采茶竭览民艰晓。

弘历即清高宗，世称乾隆皇帝。全诗描述作者亲眼目睹的龙井茶区采茶、制茶的“辛苦工夫”，结句“防微犹恐开奇巧，采茶竭览民艰晓”，以关心“民瘼”收笔，为全诗点题。

感谢

友茗堂

龍聖華苑

尋/常/茶/事

澄心堂

本书图片得到荆涛先生、雷翠华女士、刘俊先生、肖光勇先生、冯敏先生的大力支持，在此表示感谢。

在本书材料收集、整理，图片的组织、拍摄、筛选、编辑，以及装帧设计、制作，稿件修改、核校等繁杂细致的工作过程中，感谢所有为本书付出辛苦和努力，默默支持我们工作的各位朋友：张旭明、周雪飞、王缉良、王琴、王杨、李志斌、姚丽、门雪峰、李志伟、王露露、曹嘉林、张根、凌凌、李娟、王代高、孙爽、门怡、彭蝶、戴冰燕、王景秀、钟运春、刘思琪、李光美、罗县珍、寇淑云、苏丹、张玉洁、刘建华、李新、周华、张小华、李剑伟、苏艳、文远芳、田建国、朱翠萍、李丽萍、周旋、付其德、朱其丽、周小春、梁凤玲、龚珍、陈木旺、李玉树、马兴利、朱永梅、朱茂林、王博燕、朱丽琳、徐平、付荆平、王琦、刘晓健、孙超、朱春莉、王熙凤、王燕英、方赛、邹异平、龚云、付秀红、毛晓丽、付秀、林奇华、陈荣晓、张海霞、朱小琳、于杰、李静、陈瑞霞、蒋丽莎、王浩宇、赵娅、高小钦、柳叶、郑安琪、袁允华、吕小云、戴兵、王红武、吴锦红、韩冰娜、张林凯、李尧等。感谢他们一如既往的支持和帮助。

参考书目

《茶经述评》 吴觉农主编 北京 中国农业出版社 1987年5月

《茶及茶文化二十一讲》 程启坤，姚国坤，张莉颖 编著 上海 上海文化出版社 2010年10月

《数典》阮浩耕 主编 姜青青 著 浙江杭州 浙江摄影出版社 2006年4月

《茶艺概论》 郑春英主编 北京 高等教育出版社 2006年7月

《茶医学研究》 朱永兴，王岳飞等编著 浙江杭州 浙江大学出版社 2005年11月

《轻松入门鉴紫砂》 郑春英 主编 北京 中国轻工业出版社 2012年1月